HZ Books

华 章 图 书

一本打开的书、一扇开启的门、
通向科学殿堂的阶梯、托起一流人才的基石。

U0279650

多旋翼无人机系统
理论、算例和硬件实验

Multi-Rotor Platform-based UAV Systems
Theory，Computational Examples，Hardware Testing

[法] 弗兰克·卡扎乌朗（Franck Cazaurang）

[美] 凯莉·科恩（Kelly Cohen）　　　　编著

[美] 曼尼斯·库玛（Manish Kumar）

李德栋　李鹏　译

机械工业出版社
China Machine Press

图书在版编目（CIP）数据

多旋翼无人机系统：理论、算例和硬件实验 /（法）弗兰克·卡扎乌朗（Franck Cazaurang），
（美）凯莉·科恩（Kelly Cohen），（美）曼尼斯·库玛（Manish Kumar）编著；李德栋，
李鹏译 . -- 北京：机械工业出版社，2022.1
（机器人设计与制作系列）
书名原文：Multi-Rotor Platform-based UAV Systems：Theory，Computational
　　　　　Examples，Hardware Testing
ISBN 978-7-111-69611-7

Ⅰ. ①多… Ⅱ. ①弗… ②凯… ③曼… ④李… ⑤李… Ⅲ. ①无人驾驶飞机 – 程序设计
Ⅳ. ① V279

中国版本图书馆 CIP 数据核字（2021）第 239085 号

本书版权登记号：图字　01-2021-0677

Multi-Rotor Platform-based UAV Systems: Theory, Computational Examples, Hardware Testing
Franck Cazaurang, Kelly Cohen, Manish Kumar
ISBN: 9781785482519
Copyright © by ISTE Press Ltd 2020. All rights reserved.
Authorized Chinese translation published by China Machine Press.
《多旋翼无人机系统：理论、算例和硬件实验》（李德栋　李鹏　译）
ISBN: 978-7-111-69611-7
Copyright © Elsevier Ltd. and China Machine Press. All rights reserved.

多旋翼无人机系统：理论、算例和硬件实验

出版发行：机械工业出版社（北京市西城区百万庄大街 22 号　　邮政编码：100037）
责任编辑：王春华　　孙榕舒　　　　　　　　　　责任校对：殷　虹
印　　刷：三河市宏达印刷有限公司　　　　　　　版　　次：2022 年 1 月第 1 版第 1 次印刷
开　　本：186mm×240mm　1/16　　　　　　　　印　　张：12.75
书　　号：ISBN 978-7-111-69611-7　　　　　　　定　　价：99.00 元

客服电话：(010) 88361066　88379833　68326294　　投稿热线：(010) 88379604
华章网站：www.hzbook.com　　　　　　　　　　　读者信箱：hzjsj@hzbook.com

版权所有 · 侵权必究
封底无防伪标均为盗版
本书法律顾问：北京大成律师事务所　韩光 / 邹晓东

译 者 序

处在这个高速发展、日新月异的时代，必然需要面对并接受一些新生事物、工具和生活方式，比如无人机，它已经开始影响我们的生活。近年来，国内外诞生了大量的无人机企业，它们快速推出了各种令人耳目一新的无人机平台，展现出了令人眼花缭乱的功能和应用方式。这些现象直观地告诉我们，今后的无人机会如同汽车一般，渗透进社会的方方面面，成为休闲娱乐、工业生产、社会服务以及军事领域的常用载体和工具。

与此同时，如何让无人机飞向长期以有人机为主的天空、飞入寻常百姓家，成为民用小型无人机发展的一个瓶颈。无人机能否得到成功应用，事实上包含两个层面的问题。一是研发满足不同任务需求的无人机需要解决一些技术问题。无人机的动力、结构、载荷以及飞行控制，是安全、有序地进入天空的前提。虽然各个主要国家的航空工业已经建立并发展了多年，但在无人机这个主要面向中低空应用的领域，仍然存在需要探索和实验的大量现实问题。二是允许无人机进入空域飞行的配套环境。为了支持无人机安全可靠地飞行，需要建立与现有空域管理体系相适应的法规。而无人机为了适应各种法规，需要平台具备相应的信息处理能力。上述两个层面并非完全隔离，而是一个完整的系统应用中相互耦合的两个方面，有着丰富的理论、技术和文化内涵。

不同量级、构型的无人机具有不同的优势，因此在特定的应用领域，会逐渐出现一些主导机型。本书所探讨的多旋翼无人机，早期曾作为休闲娱乐产品出现，但随着性能的提升和功能的丰富，如今已经成为工业和社会服务领域甚至军用领域的一类重要平台。美国辛辛那提大学和法国波尔多大学从事这个领域工作的专家学者在这方面进行了长期的研究，并把结果以书的形式呈现给了我们。本书对前面提出的问题从学术研究的角度给出了比较全面的解读。全书涵盖了空域使用、加工制造、飞行控制、动力控制、载荷数据处理以及将来的多机协同，对多旋翼无人机应用于现实飞行涉及的主要技术点进行了讨论和实验，构造了一个相对完整的认知链条和学习框架。对从事多旋翼无人机的教学、科研以及工程项目的从业者来说，本书不失为一本合适的参考书。

在翻译本书的过程中，我们尽量使语言表达规范、一致，使其贴合对应的专业领域，正确表达应有的含义。当然，其中不可避免地会存在错误，欢迎读者反馈信息到邮箱 wswlsjzw@163.com，帮助我们改正。

译者

2021 年 8 月

前言：无人机与垂直起降多旋翼无人机平台

Franck CAZAURANG，Manish KUMAR，Kelly COHEN

背景与动机

无人驾驶飞行器(UAV)就是通常所说的无人机。从军事应用到全球业余爱好者的青睐，再到最近越来越多重要的民间应用，无人机取得了令人印象深刻的发展和进步。根据 BI Intelligence的报告(Meola，2017)，与 2016 年的 85 亿美元销售额相比，无人机在 2021 年的销售额有望超过 120 亿美元，这意味着复合年增长率(Compound Annual Growth Rate，CAGR)将达到可观的 7.6%。国际无人机系统协会(Association for Unmanned Vehicle Systems International，AUVSI)在其 2013 年的经济影响报告(AUVSI，2013)中指出："在整合发展的第一个三年里，美国将产生 7 万多个工作岗位，对美国的经济影响超过 136 亿美元。这个效果将持续增长到 2025 年，预计会带来 10 万多个就业机会，产生 820 亿美元的经济收益。"

普华永道的报告(PW Press Release，2016)预测民用无人机的市场价值会超过 1270 亿美元，让我们进一步分析这 1270 多亿美元在关键行业中的分布情况：

- 基础设施：452 亿美元
- 农业：324 亿美元
- 交通运输业：130 亿美元
- 安防：100 亿美元
- 媒体及娱乐：88 亿美元
- 保险：68 亿美元
- 通信：63 亿美元
- 矿业：44 亿美元
  - ……
- **总计：1273 亿美元**

鉴于金融市场呈现上升和增长趋势，我们看上去有足够多而且合理的理由保持乐观。当然有些人还是建议在乐观的同时保持谨慎，毕竟还需要克服许多障碍：技术上的挑战、不成熟的技术、滞后的法规、不断变化的认证和运行要求、安全性、隐私和保密、急切的投资者、项目风险等。根据现有无人机行业的发展速度及面临的诸多挑战，同时涵盖所有问题和相应解决方案是非常困难的。

本书是美国俄亥俄州辛辛那提大学和法国波尔多大学的研究成果，旨在为无人机开发和应用的关键领域提供有价值的见解，重点在于多旋翼平台的使用。本书涵盖以下主题：无人机的分类、无人机融入国家空域管理、系统架构、任务和路径规划、任务优化、隔离保障和容错、导航和飞行控制，以及数据/图像处理。现在，我们对本书各章内容进行简要介绍。

无人机集成、分类、任务规划和系统架构

2017 年秋天，美国运输部部长 Elaine L. Chao 表示（US Department of Transportation，2017）："无人机驾驶员项目将通过在当地政府、美国联邦航空管理局（Federal Aviation Administration，FAA）和无人机个体运营商之间建立新的合作伙伴关系，加速无人机安全地融入我们的领空。这类新的伙伴关系将使当地社会团体尝试新技术，在统一和安全的空域下提供服务，例如派送包裹、在紧急事件中使用无人机探查等。""统一和安全的空域"一词是关键推动因素。NASA 在开发美国国家空域系统（National Airspace System，NAS）研究活动中的 UAS（Unmanned Aerial System，无人机系统）解决方案方面加快了步伐，并处于领先地位（NASA，2016）：

- **技术挑战 - DAA：UAS 检测与避碰操作的概念和技术。**旨在建立检测与避碰（Detect And Avoid，DAA）的运行和技术标准，使得采用此类标准的具备通信、导航和监视能力（Communication，Navigation and Surveillance，CNS）的 UAS 功能可以同 IFR 指令保持一致，并成为载人和无人飞行器空中交通中检测、避碰的必要标准。

- **技术挑战 - C2（Command and Control）：UAS 指挥控制。**旨在开发一套连接卫星（卫星通信）与地基指挥控制系统的运行概念和技术标准，使得采用此类标准的各种具备通信、导航和监视能力的 UAS 功能可以支持 IFR 指令标准并同它保持一致，并且支持现在已经分配的保护频谱。

● **演示活动：系统集成与运行**（Systems Integration and Operationalization，SIO）。旨在演示采用集成了 DAA、C2 和最先进飞行器技术的无人机系统在 NAS 内的稳定操控能力，以这种演示认证的方式展示 FAA 无人机系统的集成策略及运行程序。

第 1 章分别从欧洲和美国的视角探讨了无人机的分类，与之相关的任务、法规和安全性、认证，以及空管问题。无人机系统完整地融入国家空域面临着巨大的挑战，这两个视角在挑战的艰巨性上也有所不同，审视它们之间的不同是件有趣的事情。第 2 章介绍了无人机系统的分类和相关的常规任务，具体列举了现有系统及潜在的未来民用无人机系统的应用，既包括企业或商用无人机，也包括个人购买的用于非商业、非专业用途的消费级无人机（Meola，A.，2017）。第 3 章描述了无人机系统的使用，这套系统相当复杂，而且采用了结构化的系统工程方法，通过提供一系列的实用工具来达成以下目标：权衡性研究、功能性分析和非功能性分析、需求分析、运行分析、对系统架构设计的见解、基本的人因成分以及确认和验证技术。

路径规划、隔离保障及容错

无人机需要携带载荷从一地飞至另一地，在综合空域中实现最佳操控需要有效的路径规划方法，也需要隔离保障来确保飞行安全。按照 FAA 的规定，常用的电动多旋翼无人机平台质量通常不超过 55 磅[⊖]，续航时间相对较短，因此采用高效的方法来充分利用无人机的飞行时间非常重要，尤其是空域存在如机场、市中心等杂乱的禁飞区时。第 4 章详细描述存在其他移动或固定障碍物的情况下，对在国家空域中飞行的单个 UAV 和协同飞行的 UAV 进行路径规划的优化算法的开发过程。解决这个 NP 难路径规划问题时，建议采用一种常用的基于混合整数线性规划（Mixed-Integer Linear Programming，MILP）的优化方法。

随着国家空域里无人机数量的增长，存在潜在的空中碰撞安全隐患，要解决该项安全问题必须采用系统的结构化方法，将无人机整合到非隔离空域中。安全空域要求中最重要的一个组成部分是"冲突检测和消除"（Yang 等，2016）。第 5 章讨论了采用遗传模糊逻辑方法解决机场合作研究项目（Airport Cooperative Research Program，ACRP）(2017)中描述的飞行器冲突解脱的准则。该准则的目标是获得飞机不产生冲突的轨迹，使得机动总代价最小化。该章提出了一种独特的架构，该架构包含神经元的隐藏层和提

⊖ 1 磅约合 0.453 6 千克。——编辑注

供最终输出的模糊推理系统(Fuzzy Inference System，FIS)层。由一种名为 EVE 的人工智能程序训练该系统，训练完成后，就可以使用一组测试场景评估其能力。EVE 训练人工智能本质上是一种遗传"模糊树"，设计目标是训练大型智能系统。EVE 已经得到大量应用，包括飞行器控制(Ernest 等，2016)。它把适应度函数每一次评估的功效最大化，以实现这种高性能和极限扩展。由于 EVE 是专门用于优化大型"模糊系统"的学习系统，因此它可以递归地应用于自身。EVE 经过几代的迭代、优化，未来将成为解决大规模无人机隔离保障问题的理想训练器。

持续地追求低成本、不断增长的民用无人机市场产生的竞争、爱好者圈子中出现的多旋翼无人机，再加上缺少类似有人机飞行的严格监管，会导致无人机出现很多意想不到的故障。故障可以定义如下(Isermann 等，1997)："故障即系统中至少一个特征属性或参数相比合适的、通常的或标准的条件产生了不允许的偏差。"无人机系统是安全关键系统，必须防止灾难性事件发生，从而挽救生命、保全财产、降低诉讼成本和保持财务底线。第 6 章介绍基于平坦度的容错控制方法。对于微分平面系统，可以找到一组变量，称为平面输出，从而把状态和控制输入表示为函数和时间导数。故障检测和隔离过程主要采用基于阈值的简单方法实现，通过比较来自传感器的信号和通过微分平坦度获得的无故障值，即可获得差值信号。第 8 章介绍了一种用于倾斜旋翼四旋翼无人机的数学建模和设计容错控制器的独特方法。因为驱动电机具有额外的自由度，该方法提供了额外的驱动控制，使旋翼能够围绕四旋翼无人机的旋翼支臂的轴倾斜。尽管传统的四旋翼无人机可以通过商业渠道采购，但它们是欠驱动系统，并且对单桨故障敏感，而改进的倾斜旋翼四旋翼无人机是一个能够处理螺旋桨故障的容错系统。

技术进展：导航、飞行控制、态势感知、增材制造和协同群集

随着无人机使用价值的提升，为了进行飞行控制的研发和验证，我们预测高精度多旋翼平台的仿真将获得更多关注。在使用无人机派送包裹时，有效载荷的质量、体积和重心可能会发生变化，需要具有自适应能力的有效飞行控制器，因此仿真特别重要，关键是针对当前研究分析的系统建立并开发精确的动态模型。下面给出四旋翼建模、系统识别、控制设计和仪表方面的文献综述。频域系统识别技术，如频率响应综合识别(CIFER)软件包(Tischler 和 Remple，2012)已经被证明可以生成各种旋翼飞机的精确模型(Woodrow 等，2013)。基于飞行测试的输入-输出数据已经用于研发固定翼/旋翼

飞机动力学模型。基于以下原因，频域方法对于开发和验证飞行控制系统特别有效：它们非常适合解决复杂问题，包括多种重叠模式、不稳定的系统、低信噪比；频率响应是在没有预先确定状态空间模型结构的情况下获得的非参数特征；开环和闭环响应为裸机和闭环模型提供了重要的"书面记录"；反馈的稳定性和噪声放大特性由开环频率响应、交叉频率、增益/相位裕度确定；现代处理技术的质量要求多数基于频率响应（Wei 等，2017）。第 7 章使用频率响应综合识别技术（CIFER）提取和验证四旋翼无人机模型，并使用线性二次调节器（Linear Quadratic Regulator，LQR）方法优化飞行控制器。

　　某些无人机应用需要在诸如野外着火或山洞这种恶劣的环境中飞行。室内环境无法使用全球定位系统（Global Positioning System，GPS）进行定位，在光线不足或变化的照明条件下也无法有效使用相机。第 8 章介绍了在室内环境中，四旋翼无人机利用携带的惯性传感器和声波传感器获取对室内环境的有限认知，实现围绕障碍物的自主导航飞行。该系统还能够跟踪已知目标并使用传感器对其进行地理定位，然后将目标的图像和位置传回地面站。第 9 章讨论了利用无人机检测和追踪野火来协助灭火工作，以此提高在高风险工作中的灭火效率。经过遗传算法训练的模糊逻辑系统能够使用视觉和前视红外雷达（Forward-Looking Infrared Radar，FLIR）视频输入来检测着火点。此外，还提出了一种两阶段级联的模糊逻辑系统，其中第一阶段使用视觉数据，第二阶段处理 FLIR 数据以对火险像素进行近乎准确的检测。视觉和红外数据的使用极大地提高了火灾探测的准确性。与其他常规方法不同，遗传模糊系统提供了一种简单的机制来融合视觉和 FLIR 输入。由于计算效率极高，该系统可搭载在无人机上对火灾进行实时监测。

　　增材制造（Additive Manufacturing，AM）也称为 3D 打印，是一种计算机控制的处理过程，采用添加材料层的方法制造三维部件。在过去的五年中，我们见证了航空航天工业的增材制造领域的快速增长。根据《2013 年 Wohlers 报告》，全球增材制造（产品和服务）的预计价值在两年内翻了一番以上，从 2015 年的 40 亿美元增长到 2017 年的 108 亿美元。有报道称，通用电气（GE）在增材制造研发方面的投入达到了惊人的 15 亿美元，已经为新的粉末金属申请了 300 多项专利（McEleney，2017）。第 10 章使用增材制造技术制造重型 UAS 八旋翼无人机平台的机身，该平台可以飞行 30～60 分钟（取决于有效载荷）。我们使用前沿的制造策略，结合各种流体和物理原理，设计并构建了一个满足设计要求的独特平台。该系统的开发得益于轻量化快速原型开发的进步，以及提升电力系统效率的新兴流体研究。

　　我们经常使用"众志成城"一词。对于动物界中的许多生物实体而言，群集⊖行为是其生存必不可少的集体行为。群集是指多个个体聚集在一起以最大化协同作用，从而提高生存率和适应性。无人机群模仿了这种生物学现象，呈现出一种正在上升的趋势。这种无人机群是美国战略能力办公室的产品，美国前国防部长 Ash Carter 曾经表示（Atherton，2017）："这是一种尖端的创新，它将使我们领先于对手。该演示将推动我们自主系统的发展。"除了重要的军事应用外，无人机群还为民用应用提供了一个契机，即一个操作员可以操控许多个无人机，从而降低了大规模商用无人机操作带来的人力成本。在第 11 章中，将可扩展的遗传模糊逻辑算法应用于协作型无人机群的任务分配，该任务分配属于目标区域为多边形的多旅行商问题（Polygon Visiting Multiple Traveling Salesman Problem，PVMTSP），该模型可用于解决无人机群的路径规划问题。接着讨论了基于遗传模糊逻辑的两种不同算法：一种方法是评估每个 UAV 覆盖的距离，然后将搜索空间划分为聚类；另一种方法使用一个代价函数来估算无人机覆盖的范围，从而减少计算时间。除了对这两种方法进行对比外，还把它们同已经标准化的模糊聚类算法进行了比较。

参考文献

ACRP (2017). A benchmark for conflict resolution algorithms. Available at: http://clusters.recherche.enac.fr/.

Atherton, K.D. (2017). The Pentagon's new drone swarm heralds a future of autonomous war machines. *Popular Science*, January 10. Available at: https://www.popsci.com/pentagon-drone-swarm-autonomous-war-machines.

AUVSI (2013). The Economic Impact of Unmanned Aircraft Systems Integration in the United States. Available at: http://www.auvsi.org/our-impact/economic-report.

Ernest, N., Carroll, D., Schumacher, C., Clark, M., Cohen, K., and Lee, G. (2016). Genetic fuzzy based artificial intelligence for unmanned combat aerial vehicle control in simulated air combat missions. *J Def Manag*, 6(144), 2167–0374.

Isermann, R., and Ballé, P. (1997). Trends in the application of model-based fault detection and diagnosis of technical processes. *Control Engineering Practice*, 5(5), 709–719.

McEleney, J. (2017). The Future of 3D Printing: 5 Additive Manufacturing Trends to look for in 2017. Onshape, June 29. Available at: https://www.onshape.com/cad-blog/the-future-of-3d-printing-5-additive-manufacturing-trends-to-look-for-in-2017.

⊖　cluster 可译为群集、聚类、簇等。——编辑注

Meola, A. (2017). Drone market shows positive outlook with strong industry growth and trends, *Business Insider*, July 13. Available at: http://www.businessinsider.com/drone-industry-analysis-market-trends-growth-forecasts-2017-7.

NASA (2016). Unmanned Aircraft Systems Integration in the National Airspace System (UAS Integration in the NAS) Project, July 13. Available at: https://www.nasa.gov/aeroresearch/programs/iasp/uas/description.

PW Press Release (2016). Global Market for Commercial Applications of Drone Technology Valued at over \$127 bn., May 9. Available at: https://press.pwc.com/News-releases/global-market-for-commercial-applications-of-drone-technology-valued-at-over--127-bn/s/ac04349e-c40d-4767-9f92-a4d219860cd2.

Tischler, M.B., and Remple, R.K (2012). Aircraft and rotorcraft system identification. *American Institute of Aeronautics and Astronautics*. 2nd ed., Reston, VA.

US Department of Transportation (2017). U.S. Secretary of Transportation Elaine L. Chao Presents Details of U.S. Drone Integration Pilot Program, *Department Encourages Local, State, and Tribal Governments to Complete a Notice of Intent*, November 2. Available at: https://www.transportation.gov/briefing-room/us-secretary-transportation-elaine-l-chao-presents-details-us-drone-integration-pilot.

Wei, W., Tischler, M.B., and Cohen, K. (2017). System identification and controller optimization of a quadrotor UAV. Accepted for publication in its final form to *Journal of American Helicopter Society,* 62(4), 1–9. Article number 042007, DOI: 10.4050/JAHS.62.042007.

Woodrow, P.M., Tischler, M.B., Hagerott, S.G., and Mendoza, G.E. (2013). Low cost flight test platform to demonstrate flight dynamics concepts using frequency-domain system identification methods. *AIAA Atmospheric Flight Mechanics (AFM) Conference*, Boston, MA, August 19–22.

Yang, J., Yon, D., Niu, Y., and Zhu, L. (2016). Cooperative conflict detection and resolution of civil unmanned aerial vehicles in metropolis. *Advances in Mechanical Engineering*, 8(6), 1–16, DOI: 10.1177/1687814016651195.

目　　录

第 1 章 无人机与国家空域：无人机分类及相关任务、法规和安全、认证以及空中交通管理

George Thomas Black，Kelly Cohen，Catherine Ronflé-Nadaud

1.1 无人机融入空域面临的挑战

民用无人机在世界范围内得到越来越多的使用，但其主要的监管框架并不一致。这些飞机的应用非常广泛，包括检查和监视基础设施、监测洪水等自然灾害、收集天气预报所需要的大气数据、广告和媒体等。未来它们还可以用于中继通信或运送包裹，10余年后无人机甚至将能运送乘客。高度自动化的无人机技术现在已经成熟，并且有可能实现显著增长，创造大量的就业机会。据预测，未来10年，无人机市场可能会占到航空市场的10%，即每年150亿欧元。然而，民用无人机的外形和尺寸迥异，将它们与其他有人驾驶的飞机集成在空域中是一个真正的挑战。

本章评估无人机进入非隔离空域的必要条件。它定义并聚焦于无人机的不同类别，解决将它们融入民用空域中的关键问题。本章还介绍法国、欧洲和国际民用航空组织（International Civil Aviation Organization，ICAO）的现行法规。最后，介绍未来开发无人机系统的步骤。

1.1.1 术语定义

无人机系统(UAS)：一种无人驾驶飞机，包含地面控制站以及地面和无人机之间的数据链路。无人机实际上就是一种飞行器，因此很大程度上适用现有的国际民航组织附件。然而，无人机要融入机场和各类空域，需要制定针对无人机的标准与建议措施（Standards and Recommended Practices，SARP），来补充现有的标准与建议措施。

远程驾驶航空器(Remotely Piloted Aircraft，RPA)：从远程控制站遥控驾驶的无人机。

无人驾驶航空器系统(Remotely Piloted Aircraft System，RPAS)：由远程驾驶的无人机、远程控制站、指挥控制链以及设计中指定的其他组件构成的系统。RPAS 是 UAS 的一个子集。

远程控制站(Remote Pilot Station，RPS)：远程驾驶航空器系统的组成部分，包含用于远程控制的设备。

远程驾驶员：向运行无人机活动的运营者负责、并在飞行期间视情况而定来操纵飞行控制系统的人员。

运营者：从事航空器运行活动的个人、组织或企业。注意：提到远程驾驶航空器时，航空器的运行活动包括无人机系统。

视距内(Visual Line-Of-Sight，VLOS)运行：远程驾驶员或 RPA 观察员与无人机保持直接的、无辅助措施的视觉接触。

视距外(Beyond Visual Line-Of-Sight，BVLOS)运行：远程驾驶员或 RPA 观察员在没有辅助措施的条件下，无法直接观察到 RPA。

1.1.2　无人机系统的任务

无人机系统的任务不同于有人驾驶的飞机。通常，它们不是从一个机场起飞并降落在另一个机场上。因此，从空中交通管理的角度来看，需要以不同的方式组织。

如今，军用和民用无人机系统飞行活动的快速增长，增加了它们进入民用领空的需求。但是，这也带来了新的挑战：由于适航性、空中交通管制、飞行员编队、系统维护和安全网等诸多因素的影响，载人航空被认为是安全的。这些因素现在可能会受到新空域用户融入的影响。

由于飞机上没有飞行员，应当开发通过数据链(指挥控制链)远程控制或以高度自动化的模式控制飞机的技术解决方案。机上缺少飞行员也带来了挑战。有飞行员的情况下，能够"看到并回避"其他飞行器、危险状态、与空域内其他用户潜在的碰撞，能够处置恶劣的天气条件、障碍物以及机场降落。因此，必须开发新的管理机制，可以管理任意情况下的无人机系统，并兼容现有的载人技术，例如机载避碰系统。

实际上，无人机的任务多种多样，应采用不同的方式解决无人机融入空域的问题：

- 超高层飞行，例如亚轨道无人飞行，飞行高度高于 FL600(60 000 英尺[⊖])。这类飞行可能会迅速增长，促成建立全球 4G/5G 网络以确保支持 Google 和 Facebook

---

　⊖　1 英尺 = 0.3048 米。——编辑注

等互联网商业模式。此类飞行主要采用高空长航时无人机，它们的发射和回收可以在专用机场和拥挤的空域实施。当然，它们必须通过隔离或非隔离的空域。但是，这类无人机主要采用太阳能供电技术，飞行任务长达数月，极大减少了通过多种空域的情况。

- 以中等高度飞行（中空长航时）的 RPAS 预计不会很快发展到民用领域。这类无人机将与有人驾驶飞机共享同一个空域。因此，可以预见的是，飞行任务的概念将与有人驾驶飞机类似。

- RPAS 在低海拔空域的飞行现在已经成为推动经济发展的动力引擎。许多小型无人机都在离地 500 英尺以下的高度飞行。根据国际民航组织的规定，除起飞和着陆外，巡航期间的最低目视飞行高度为 500 英尺。这一条规定把低空无人机和有人驾驶飞机的飞行高度自然地隔开了。

改进的时间很紧迫。2016 年，欧洲航空安全局（European Aviation Safety Agency，EASA）观察到无人机系统和有人驾驶飞机之间的事件和事故不断增加。"仅分析欧洲中部区域（European Central Repository，ECR）的无人机事件就可以确定，过去五年来有 606 起各种程度的事件，其中 37 起被归为事故。事故均未导致人员死亡。关于无人机事件的数据收集仍处于起步阶段，要正确使用无人机的分类学术语，仍有大量工作要做。自从《国际民航组织附件 13》中应用新的定义以来，无人机关联的事故有所减少。但是，非致命事故和严重事件的数量仍然不断增加，主要是无人机业务快速发展所致。"

改进无人机的监管框架和飞行概念变得益发重要。

1.1.3　空中交通管理准则及对无人机系统的影响

国际民航组织将空中交通管理（Air Traffic Management，ATM）定义为"通过人员、信息、技术、设施和服务的协同合作，在空中、地面和/或空基通信、导航和监视的支持下提供空中交通管理。冲突管理将包括三层：通过空域的组织和管理、需求和容量平衡以及交通同步实现冲突的战略管理；空域区划分隔；避免碰撞"。

根据国际民航组织 2011 年发布的 328 号通知，"将无人机系统安全地融入非隔离空域中的关键是它们具备与有人驾驶飞机相同的行动和反应能力。这种能力在很大程度上取决于技术——无人机被远程驾驶员控制的能力，远程驾驶员与空中交通管制之间的通信中继的能力，性能（例如通信连接的处理时间和连续性）以及无人机及时响应空中交通管制指令的能力"。

无人机是融入空中交通管理中的新系统。无人机的任务多种多样。在 500 英尺以上，它们使用的空域必须与载人飞机采取相同的设计。然而，如下所述，可以预见需要成立一个不同的组织以适应小型遥控飞机。在欧洲，它被称为无人机交通管理(UAS Traffic Management，UTM)或 U-space。因为远程控制无人机的任务不同于有人驾驶飞机，所以它的飞行程序、飞行意图、识别和跟踪将有所不同。实际上，无人机交通管理以及 U-space 将是一组新服务和量身定制的程序，旨在支持大量无人机健全、高效和安全地进入空域。新的空中交通管理必须把各种功能高度数字化和自动化，并把它们内置到无人机或地面系统。

除了空域开发组织之外，目前欧洲和美国也已经着手开发用于无人机系统安全运行的监管框架。它部分解决了无人机系统和有人驾驶飞机之间的碰撞问题。如今，已经采取了多种组合措施，例如在视线范围内飞行、在空中交通密度低的空域以低于 500 英尺的离地高度飞行、配备识别和地理限制功能、注册登记等。基于地面和空中风险评估，无人机接近机场的飞行必须获得国家航空管理局的特定授权。即便如此，仍然有必要对无人机飞行进行协调。

1.1.4　无人机系统融入空域

无人机用途广泛，可以执行各种不同的任务。因此，可以分为三个主要类别：

- 高空长航时(High-Altitude Long Endurance，HALE)：无人机与载人飞机之间的干扰只会发生在爬升和下降阶段。它们可能会起飞并降落在专用机场。
- 中空长航时(Medium-Altitude Long Endurance，MALE)：假定无人机(主要是 RPAS)在 A 至 G 级空域中以仪表飞行规则(Instrument Flight Rules，IFR)飞行，那么它将以与有人驾驶飞机相同的方式遵守相关空域要求。大型 RPAS 被认为是有人驾驶飞机。区别在于机长在地面上。这就需要增加特定的功能，即指挥控制链(C2Link)和检测与避碰(DAA)系统。它搭载的 C2Link 和 DAA 系统设备必须与载人飞机水平相同，而它们之间的差异主要来自其速度和爬升率。
- 小型无人机：它们在超低空(Very Low Level，VLL)飞行，因此没有必要为这些无人机提供空中交通管制(Air Traffic Control，ATC)。但是，需要对空域进行组织、识别和监视。

高空、中空长航时无人机必须符合以下要求：

- 填写飞行计划，类似于仪表飞行规则(IFR)有人驾驶飞机的飞行。
- 满足通信、导航和监视空域的要求。
- 装备检测与避碰系统。

- 进入管制空域时通知负责的空中交通管制单位。
- 告知空中交通管制（ATC）其使用的应急和紧急程序的类型，特别是在 C2Link 丢失的情况下。
- 使用量身定制的出发和到达程序（待开发）。

相反，小型 RPAS 必须符合以下要求：

- 注册登记。
- 填写飞行目的（例如，飞行轨迹和相关的飞行数据、应急程序）。
- 能够被电子识别和跟踪。
- 通过战略冲突解脱或使用检测和避碰系统进行自我隔离。
- 仅在紧急情况或进入管制空域时通知负责的空中交通管制部门。

1.2 主要参与方

1.2.1 国际民航组织

国际民用航空法律框架的制定始于 1919 年的《巴黎公约》。1929 年 6 月，发布了对第 15 条中的无人驾驶飞机的修正案："除经特别批准外，缔约国一方的无人驾驶而能飞行的航空器，不得在无人驾驶的情况下于缔约国另一方的领土上空飞行。"

1944 年，《芝加哥公约》取代了《巴黎公约》。该文件标题为"无人驾驶航空器"的第 8 条规定："任何无人驾驶而能飞行的航空器，未经一缔约国特许并遵照此项特许的条件，不得无人驾驶地在该国领土上空飞行。各缔约国承允对此项无人驾驶的航空器在向民用航空器开放的地区内的飞行一定加以管制，以免危及民用航空器。"

2003 年，空中航行会议对全球空中交通管理运行概念进行了更新，其中包含以下文本："根据《国际民用航空公约》第 8 条，无人驾驶飞机是无人驾驶而能飞行的航空器，没有驾驶员，可以从其他地方（地面、另一架飞机、太空）进行完全远程控制，也可以通过程序进行完全自主控制。"2004 年国际民航组织大会第 35 届会议明确指出："任何无人驾驶飞行器都是无人机。"关于第 8 条，这意味着没有飞行员驾驶的飞机"应加以管制，以免危及民用航空器"，因此应像国家航空器一样对它们采取一定的管制措施。

2006 年，在蒙特利尔举行了关于无人机的第一次探索性会议。会议商定，有必要在监管框架方面统一术语、战略和原则，国际民航组织应作为联络点。最终，在 2007

年，空中航行委员会（Air Navigation Commission，ANC）批准成立无人机系统研究组
（Unmanned Aircraft Systems Study Group，UASSG）。

2009 年，UASSG 得出结论：在可预见的将来，只有远程驾驶的无人机才能融入非
隔离空域和机场。因此，UASSG 引入了"远程驾驶"一词。之后，研究小组决定将重
点从所有 UAS 集中到那些远程驾驶的 UAS。《无人机系统（328 号通告）》于 2011 年发
布，概述了附件中必须解决的问题，以确保无人驾驶航空器系统符合《芝加哥公约》的规
定。2012 年，与无人驾驶航空器系统相关的第一套重要的标准和建议措施被附件 2《空
中规则》和附件 7《航空器国籍和登记标志》采用。

2014 年，空中航行委员会同意成立遥控航空器系统专家组（Remotely Piloted
Aircraft Systems Panel，RPASP），负责制定 RPAS 监管概念及相关指导材料，以支持
和指导监管过程。该专家组的重点是"国际 RPAS 飞行 IFR（仪表飞行规则）"。成立了
七个工作组来处理有关适航性、指挥控制链路（C2Link）、检测与避碰（DAA）、远程驾
驶员执照、RPAS 运行、空中交通管理融合和人为因素的主题（2016 年新增）。

RPAS 手册的第一版（10019 号文件，*Manual on Remotely Piloted Aircraft
Systems (RPAS)*）是 RPAS 的指导文件，该手册于 2015 年出版。同年 3 月组织了
RPAS 专题讨论会，来自世界各地的 500 多名航空专家参加了此会议。

此后，工作组一直在研究新的标准和建议措施，目标是在 2020 年发布，以便为
RPAS 飞行国际 IFR 提供监管框架。此外，2017 年 9 月组织了另一场专题讨论会。

RPASP 完成活动的同时，成立了小型无人机系统（UAS）咨询小组（SUAS-AG），
以支持 RPASP 秘书处为小型 UAS 编写指导材料。该小组成立的目的是帮助美国各州
实施小型无人机（通常小于 25 千克）在其空域中安全飞行的有关规定，同时保障有人驾
驶航空活动和大型 RPAS 的安全，并向用户宣传小型无人机相关的风险。该小组的第一
次会议于 2016 年 4 月举行。小组会议主要有三个议题：

- 回顾和审查国家及地区法律法规框架和举措，以识别共同点和现有最佳实践。
- 开发工具包，以协助那些制定小型无人机规则的州。
- 开展培训以支持 RPAS 工作组，分发宣传材料，以教育监管者、行业利益相关
  者和民用领域运营者。

1.2.2　无人系统规则制定联合体

无人系统规则制定联合体（Joint Authorities for Rulemaking on Unmanned Systems，

JARUS)由来自美国国家民航局(National Aviation Authorities,NAA)和地区航空安全组织的专家组成。该机构的目标是形成一套技术、安全和运行规范,对无人机系统进行认证,并安全地融入空域和机场。JARUS 的目的是提供指导材料,促进每个机构编写自己的规则和要求,并避免重复工作。

如今,有 51 个国家以及欧洲航空安全局(European Aviation Safety Agency,EASA)和欧洲航行安全组织(EUROCONTROL)正在为技术和法规文件的开发做出贡献。自 2015 年以来,为支持 JARUS 的活动,利益相关者还建立了代表行业的业界咨询机构(Stakeholder Consultation Body,SCB)。与国际民航组织的 RPASP 相似,无人系统规则制定联合体也由七个工作组组成,并从事与以下主题相关的工作:运行和人员要求、组织批准、适航性、检测与避碰、指令与控制、通信、无人机系统安全和运行概念。

这些工作组制定并发布技术和法规文件,因此有助于为无人机安全融入空域提供统一的法规和技术框架。

特别是,JARUS 正在研究一种评估飞行风险的方法,称为特定运行风险评估(Specific Operation Risk Assessment,SORA)。该方法提供一个简单的工具评估飞行的风险级别,然后给无人机飞行授权。这种方法将有助于在欧洲范围内确定无人机飞行的授权。该模型考虑了特定危险的所有自然威胁和相关缓解措施,并对其进行系统评估,以确定安全飞行的边界。但是,它不考虑在无人机上运载的人员或非民用设备(例如武器),也不考虑安全和隐私方面。

1.2.3 欧洲航空安全局

欧洲航空安全局(EASA)成立于 2002 年,是欧盟(European Union,EU)的机构,负责民航安全领域的监管和执行。该机构聚集了 32 个成员国,其中包括 800 多位航空专家和管理人员。欧洲航空安全局有责任进行安全性分析和研究。它管理向国外运营商的授权,为欧盟立法的起草提供建议,帮助实施和监控安全规则(包括在成员国进行的检查),提供飞机和部件的型式认证,以及对航空产品设计、制造和维护的组织批准。

关于无人机,应欧洲委员会、成员国和其他利益相关者的要求,该机构开始为所有无人飞机(Unmanned Aircraft,UA)制定形成以飞行为中心和按比例、基于风险和绩效的监管框架提案,并根据风险比例确定了三类具有不同安全要求的类别:

- "开放"(低风险):一种无人机飞行安全类别,考虑到所涉及的风险,在飞行之前不需要主管当局的事先授权。当前正在定义其子类别,以便更好地分配需求与飞行风险比例。

- "特定"（中等风险）：一种无人机飞行安全类别，考虑到所涉及的风险，在飞行之前需要获得主管当局的授权，同时还需考虑飞行风险评估中确定的缓解措施，但某些标准情况下运营者声明就足够了。
- "认证"（高风险）：一种无人机飞行安全类别，考虑到所涉及的风险，需要对无人机系统进行认证，包括有执照的远程驾驶员和主管当局批准的运营者，以确保采取适当的安全等级。

2015 年 7 月发布"拟议修正案预先通知 2015-10"和 2015 年 12 月发布"技术意见"之后，针对"开放"和"特定"两种风险类别起草了"原型"法规。2016 年 8 月，"原型"法规发布，该法规主要约束无人机运营者、无人机远程驾驶员和制造商。它还阐明了成员国的责任，以及处置的灵活性。专家组为进一步制定法规文本也进行了大量投入，提供了很多意见，2017 年 5 月发布了拟议修正案通知（Notice of Proposed Amendment，NPA）。该修正案符合国际上三个主要参与者 ICAO、JARUS 和 FAA 在无人机领域的不同发展程度。

拟议的法规定义了"开放"和"特定"两种风险类别的技术和飞行要求，涉及对地面人员和其他空域用户的风险，以及隐私、安全和数据保护等。从技术角度来看，它包括无人机系统标识、地理围栏（确保无人机不会进入禁飞区域或飞越授权极限的系统）、飞行概念（轨迹、飞越人口稠密地区的条件等），以及驾驶员和运营者的资格。出于安全考虑，当使用的无人机质量超过 250 克时，部分法规建议运营者进行注册。

该文件中的新内容是拟议的法规结合了"产品法规"和"航空法规"。小型无人机系统必须执行 CE 强制认证和法规设计要求的规定。文件规定，对于不同类别的无人机，强制要求所有无人机机身必须喷印注意事项。

该提案为欧洲航空安全局成员国提供了一定的灵活性。它们将能够在其领土内划分禁止或限制无人机飞行的区域（例如保护敏感区域）或者降低某些要求的区域。

对于具有较高风险的飞行，运行风险评估将确定运营商操纵无人机之前需要遵守的要求。推荐使用 JARUS 开发的特定运行风险评估（SORA）方法。

对于可视为无人机系统的模型飞机，给成员国提出了三种选择：

1) 成员国可以给模型俱乐部和协会的模型颁发特别授权，以定义与无人机法规的偏离；
2) 可以在成员国指定的特定区域内飞行；
3) 可以根据飞行限制的要求按照"开放"类别飞行。

欧洲航空安全局在 2017 年底向欧盟委员会提交最终意见，该意见将考虑对此提案的反馈意见。于 2018 年实施新的欧洲法规。

1.3　法国规定

UAS 在法国很早就得到应用，不仅用于娱乐，还用于空中任务。因此，自 2012 年以来，法国民用航空局已经决定为娱乐和专业用途的 RPAS 提供监管框架。

法国规定的首要目标是避免非法活动，避免航空和公共安全出现潜在风险。第二个目标是促进无人机活动的发展，同时确保所有用户都能公平地进入空域和机场。该法规的精神是避免规定性规则，以便将重点放在具有"轻巧"要求的飞行风险上，只要它涉及"轻巧"飞行即可。当然，对于更重的、操作更复杂的远程控制无人机系统，要求将更加严格。

民航部于 2012 年 4 月发布了两项法令，对所有 150 千克以下的 RPAS 提供法国监管框架：一项涉及使用法国领空，另一项涉及民用无人机飞行器设计、使用条件和用户技能要求。法规有效区分了娱乐和商业活动。

1）将无人机划分为以下四类：微小无人机、质量小于 2 千克的无人机、质量介于 2～25 千克之间的无人机、质量介于 25～150 千克之间的无人机。质量超过 150 千克的无人机应由欧洲航空安全局（EASA）处理：在大多数情况下（请参阅 CE216/2008），适航性由欧洲航空安全局管理，但是在没有欧洲航空安全局规则的情况下，法国民航总局（DGAC）涵盖了有关驾驶员和飞行的要求。特别是对于质量超过 25 千克的无人机，需要适航文件和身份识别。

2）根据飞机的质量小于还是大于 25 千克，模型飞机分为两类。禁止这些飞机进行高空作业。法国民航总局对质量超过 25 千克的模型飞机强制执行适航性和远程驾驶员的要求。禁止飞行超出远程驾驶员的视线范围。第一人称视角（First-Person-View，FPV）飞行可以由两个人在双重控制下进行，优先权应考虑给予实际负责"看到并避免"任务的人。飞机仅允许在 500 英尺（150 米）以下，远离机场且无人居住的区域上空飞行。例外是，可以在创建隔离空域之后或在主管当局批准的协议下在受控空域中执行 500 英尺（150 米）以上的飞行。这种情况下，将发布与此活动有关的航空信息。

对于专业活动：

1）设想了四种飞行场景：

● 场景 1：在远程驾驶员的直接视野下，在人口稠密地区之外，与远程驾驶员的最大水平距离为 100 米。

- 场景 2：在人口稠密地区之外，围绕远程驾驶员水平最大半径 1 千米的圆所定义的区域内，在距地面 50 米或人工设置障碍物的最大高度下操作，并且在该范围内没有任何人。
- 场景 3：在远程驾驶员的直接视野内，在人口稠密区域或靠近人员/动物聚集区，距远程驾驶员的水平最大距离为 100 米。
- 场景 4：在人口稠密地区以外且不符合场景 2 的标准，执行地面观测、摄影、空中监视。

2）运营者需要向法国民航总局提供"具体活动手册"和符合要求的声明。对于场景 2 和 3，在验证飞机设备后，由负责执行政策的当地政府代表给予专门的授权。此外，对于场景 4，要求运营者及订购飞行服务的客户达成协议，并共同签署文件。

3）在管制空域、人口稠密地区或禁区以及机场附近，需要事先获得授权。对低于上述场景要求的飞行，每一个个案必须逐一完成风险评估。

4）出于实验目的，未根据法令中提及的类别对无人机进行分类。在获得特定的临时授权后，可以以"飞行许可证"（"通行证"）的形式进行飞行。

5）关于驾驶员资格。驾驶员必须具备所有远程驾驶的理论飞行知识（无论是私人飞行员执照、滑翔机执照还是 FCL 执照）。此外，对于操作质量超过 25 千克的飞机，还需要向法国民航总局演示远程驾驶的实际技能。飞机低于 25 千克时，运营者必须承担具备实践技能要求的责任（能力水平声明）。对于场景 4（BVLOS，视距外运行），必须具有完整的驾驶员执照，并且必须在视距内运行，至少具备 100 小时的机长飞行经历和至少 20 小时的 RPAS 飞行经历。

2015 年 12 月，总结过去的经验后，法国民航总局发布了该法规的新版本（见表 1-1）。

表 1-1　商业用途的最新法规摘要

视距内运行（VLOS）		视距外运行（BVLOS）	
场景 1	场景 3	场景 2	场景 4
无人区	人口稠密地区	无人区	无人区
质量＜25 千克	质量＜8 千克	质量＜25 千克	质量＜2 千克
高度＜150 米	高度＜50 米	高度＜50 米	高度＜150 米
距离＜200 米	距离＜100 米	距离＜1 千米	距离＞1 千米
安全范围	安全范围	安全范围	
		如果质量＜2 千克，高度应＜150 米	

此外，根据有关使用法国领空的法令，2016 年 12 月，在"法国国家地理研究所"（National Geographic Institute，IGN）门户网站上发布了包含所有管制、限制或禁止区域的地图。该地图把法国领空的永久性航空信息融合起来了，但不建议使用临时区域。

最后，2016 年 10 月，法国议会通过了专门针对无人机系统的法律。该法律原定于 2018 年生效，对在法国飞行的无人机提出了新要求：

- 所有 800 克（或以下，取决于申请法令）的无人机系统必须取得网络注册。
- 超过 25 千克的，必须正式注册。
- 对质量超过 800 克（或以下，取决于申请法令）无人机的远程驾驶员进行在线培训，包括娱乐用途的无人机。
- 专业的远程驾驶员要接受经过批准的培训。
- 一些无人机系统飞行要求取得许可证（基于风险的方法）。
- 向所有无人机系统用户提供信息（可在所有无人机系统机身中找到提示语）。
- 所有 800 克以上（或以下，取决于申请法令）的无人机系统必须装备包含灯光、电子设备和声音的机载设备。
- 所有 800 克以上（或以下，取决于申请法令）的无人机系统必须搭载"地理限制系统"（最大飞行高度、最大 RPS 距离、非无人机区域等）。特定飞行业务可以豁免。
- 执法。

该法令于 2017 年 7 月发布，以确保该法律在 2018 年生效。

1.4 通信问题

民航管理局对使用无线电频谱实施无人机系统的指挥控制感到担忧。

为了保持对飞机的控制，无人机系统操作人员需要一条通信链接，以便将无人机的位置和状态（例如高度或电池寿命）发送给 RPS。指挥控制链要求的频谱，一是满足从地面到无人机的链路以控制飞机，二是满足从飞机到地面的链路进行无人机系统的诊断。此外，如果无人机承载某些有效负载（例如实时流式视频摄像机），则该有效负载也将需要通信链路。将来，对于更复杂的无人机系统，雷达可能还需使用其他频谱，例如 RF 或卫星，以支持检测和避碰能力。为避免干扰问题，就需要对某些功率提出要求。需要注意的重要一点是，对于无牌设备应该在频谱上的什么频段运行实际上没有任何限制，除了受限制的频段外——通常干扰敏感的接收机，如 GPS 接收机。

到目前为止，无人机系统倾向于使用模型频率（26MHz、35MHz、40MHz 和72MHz）、WI-FI 频率（2400MHz、5150～5350MHz 和 5470～5850MHz）或用于指挥控制链的 GSM 频段。2012 年，国际电信联盟（International Telecom Union，ITU）批准了分配 5030～5091MHz C 频段给无人机系统卫星航空移动（路由）服务（Aeronautical Mobile Satellite(Route)Services，AM(R)S)，并确认了给 L 波段分配 960～1164MHz 的频谱。准则就是人身安全第一，至关重要的是不能干扰现有的航空频率，其次是不能干扰对许可证持有者（如电信和媒体公司）的频谱。当更多的无人机飞出视线，并且飞机上需要更复杂的通信设备来进行检测和避碰时，将会发生什么？控制链接技术的稳健性至关重要。

此外，从空中安全和安保的角度来看，欧洲的无人机交通管理（UTM）以及 U-space 将需要跟踪小型无人机飞行。现有的跟踪有人驾驶飞机的功能无法支持大量的小型无人机。哪些频率可用于监视此类无人机系统？协调频谱和管制条例是可行的建议。

当然，要适应未来几年无人机的使用呈指数增长的趋势，并为未来 5、10 和 15 年的需求做出计划是很困难的。目前飞行的大多数无人机是小型的，其飞行高度低于 500 英尺，用于娱乐和商业目的，例如广告、媒体和监控应用。它们主要通过简单的无线电链路进行控制，在远程驾驶员的视野内进行操作。此链路使用部分无线电频谱，该频谱还能够为智能手机和笔记本电脑提供无证的 Wi-Fi 连接。当局担心的是，随着个人和商业运营商的增加，将来会有越来越多的无人机飞行在 500 英尺以下空域，可能会出现频谱拥挤问题，并给无人机系统自身、公共安全或其他频谱用户造成问题。

1.5 UTM/U-space 的后续步骤

接下来的五年里将逐步开发多种服务，并将其提供给操作人员和远程驾驶员。按无人机飞行阶段分类，部分如下所示：

- 飞行前
  - 电子注册
  - 电子认证
- 飞行准备
  - 飞行计划

- 飞行批准
- 容量管理
- 地理围栏
- 气象信息
- 飞行实施
  - 追踪
  - 空域动态信息
  - 辅助冲突检测
  - 与 ATM/ATC 的接口
- 飞行后
  - 记录
  - 回放

关于法规，欧洲航空安全局正在与成员国和业界合作，以制定与操作风险相称的有效全欧盟安全规则。这些规则将实施欧盟的基本航空安全法规，欧洲议会和理事会（即欧盟成员国）预计将在未来几个月内通过。

1.6   获取远程驾驶员证书

美国的小型无人机商业运营由美国联邦航空管理局（FAA）根据联邦航空条例（Federal Aviation Regulation，FAR）第 107 部分⊖进行管理。FAR107 于 2016 年开始采用，适用于质量在 0.55 磅（2.45 牛顿）至 55 磅（244.7 牛顿）的无人机。任何非个人爱好用途的飞行都被定义为商业运营，必须通过美国联邦航空管理局（FAA）官网进行注册（https：//registermyuas.faa.gov/）。

FAR107 对无人机的商业运营施加了限制。根据 FAA 的 FAR 107（2016 年联邦航空条例）摘要，这些限制为：

- 无人飞机的质量必须小于 55 磅（25 千克）。
- 仅限于视距内运行（VLOS）；无人驾驶飞机必须保持在远程机长和小型无人机的远程驾驶员的视距范围内。或者，无人驾驶飞机必须停留在观察者的视线范围内。
- 小型无人飞机必须始终保持与远程机长和小型无人机系统飞行操控人员足够近，

⊖   联邦航空条例（FAR）在法律上是美国联邦法规（14CFR）的第 14 章。

以便不使用辅助装置（眼镜之类除外）就能够看见飞行器。

- 无关人员不得操作小型无人机，不得在有顶盖的设施下操作，不得在有顶盖的静止车辆内飞行。
- 仅限昼间作业或配备防撞照明的跨昼夜作业（当地时间日出前 30 分钟至日落后 30 分钟）。
- 必须向其他飞机让出航道。
- 可以使用视觉观察员（Visual Observer，VO），但不是必需的。
- 第一人称视角相机不能满足"看到并避免"的要求，但只要采用其他方式满足这项要求，便可以使用。
- 最高地速为 100mph ⊖。
- 最高离地 400 英尺，如果离地高度高于 400 英尺，则高度保持在离建筑物 400 英尺以内。
- 距控制站至少 3 英里⊖的气象能见度。
- 在获得 ATC 许可的情况下，允许在 B、C、D 和 E 类空域中飞行。
- 未获得 ATC 许可，仅允许在 G 类空域中飞行。
- 任何人一次不得担任多架无人机的机长或视觉观察员。
- 不得在飞行中的飞行器上操控无人机。
- 除非操控人员处于人烟稀少的区域，否则不得在行驶中的车辆上操控无人机。
- 禁止注意力分散或鲁莽的操作。
- 禁止运输危险材料。

上述要求中的任何一项，都可以通过 FAA 的正式审查程序予以豁免。在办理的过程中，飞行人员必须提出申请，并说明请求豁免相应条款的理由。

FAR107 还建立了新型的飞行员执照，即远程飞行员执照，同时也为小型无人机系统（sUAS）建立了评定等级。商用无人机飞行的飞行负责人称为"机长"（Pilot-In-Command，PIC），机长必须在飞行现场，但不必是实际的操控人员。从这个意义上说，机长与美国空军在《美国空军指令 11-418》（《美国空军指令 2000》）中所定义的飞行主管更为相似。机长对无人机的操作负有法律责任。FAR107 还创建了视觉观察员（VO）的角色，以协助机长和远程驾驶员，但不一定需要拥有远程驾驶员执照。

⊖　1mph＝1.852 千米/时。——编辑注
⊖　1 英里＝1609.344 米。——编辑注

摘要（2016 年联邦航空条例）：

（1）执飞小型无人机的人员必须持有较低等级无人机的远程飞行员执照，或者在持有远程飞行员执照的人员（远程机长）的直接监督下。

（2）要获得远程飞行员执照，必须：

1）通过以下任一种方式来证明航空理论知识：

① 在美国联邦航空局认可的知识测试中心通过初步的航空知识测试；

② 不是飞行学员，已经持有［FAR］第 61 部分规定的飞行员执照，并且在过去的 24 个月内完成了飞行审核，而且也完成了由美国联邦航空管理局提供的小型无人机系统在线培训课程。

2）通过美国运输安全管理局的审核。

3）年满 16 岁。

对远程机长的要求如下：

- 根据要求向美国联邦航空管理局提供小型无人机进行检查或测试，以及根据要求保留的相关文件/记录。
- 任何造成至少重伤、丧失意识或最低 500 美元财产损失的操作，10 天内向美国联邦航空管理局报告。
- 进行飞行前检查，包括特定的飞机和控制站系统检查，以确保小型无人机系统满足安全飞行的条件。
- 确保小型无人飞机符合［FAR］91.203（a）（2）中规定的注册要求。

在遇有飞行特情时，一名远程机长可能达不到［FAR107］中的相应要求。

外国政府或机构没有就无人机飞行员执照达成双边协议的情况下，任何希望在美国担任商用无人机机长的人都必须根据 FAR107 获得执照。

截至 2017 年 12 月，有两种获得 sUAS 等级的远程飞行员执照的途径。如果申请人是根据 FAR61 获得执照的飞行员（不包括飞行学员），并且已经完成两年一次的飞行复审，则申请过程可以简化。申请人首先参加美国联邦航空管理局安全小组的在线课程。该课程可以在 https://www.faasafety.gov/gslac/ALC/CourseLanding.aspx?cID＝451 中找到。完成课程并获得结业证书的副本后，可以登录 https://iacra.faa.gov/IACRA/Default.aspx，在美国联邦航空局的综合航空人员证照和签注申请（Integrated Airman Certificate and Rating Application，IACRA）一体化系统中注册为"申请人"。注册之后，申请人应在线申请远程飞行员证书，确保保存并打印出结业证书、IACRA 申请 ID

号和 FAA 跟踪号（FAA Tracking Number，FTN），因为下一步将需要这些文件。

然后，申请人应将政府签发的身份证明资料、已有的飞行员执照以及过去 24 个历月内完成的两年一次飞行复审的证明材料等文件，交给认证飞行教员（Certified Flight Instructor，CFI）、飞行学校的飞行员认证代表（Airman Certification Representative，ACR）、指定飞行员考官（Designated Pilot Examiner，DPE）或飞行标准司办公室（Flight Standards District Office，FSDO）的 FAA 官员。FSDO 的位置可以在 https://www.faa.gov/about/office_org/field_offices/fsdo/中按州找到。如果 FAA 官员、ACR 或 DPE 与申请人会面，将立即颁发临时证书。在与 CFI 会面的情况下，申请人将通过电子邮件从 FAA 收到在线获取临时证书的说明。通常情况下，申请人都会通过 FAA 的邮件收到常规远程飞行员执照。

如果申请人还不是持证飞行员，或者没有最近的两年一次飞行复审，则过程会稍长一些，但仍然很简单。申请人应获取必要的材料进行学习，也可学习在线或"实时"课程。在 https://www.faa.gov/uas/getting_started/fly_for_work_business/becoming_a_pilot/上可以找到学习资料清单。精通这些资料或完成课程学习后，申请人到知识测验中心（Knowledge Testing Center，KTC）安排见面，以进行 FAA 远程飞行员考试。大多数飞行学校都设有知识测验中心，知识测验中心列表可以在本段前面引用的网站上找到。参加考试时，申请人应携带政府签发的身份证明资料。远程飞行员执照的航空知识测试包括：

- 有关小型无人机系统的级别权限、限制条件和飞行操作的适用法规
- 空域分类和飞行要求，以及影响小型无人机飞行的飞行限制
- 航行气象源和天气对小型无人机性能的影响
- 小型无人机的负载和性能
- 紧急程序
- 机组资源管理
- 无线电通信程序
- 确定小型无人机的性能
- 药物和酒精的生理作用
- 航空决策和判断
- 机场运营
- 维护和飞行前检查程序

通过测试后（可能需要 48 个小时才能获得测试结果）申请人应在 IACRA 注册，完

成并在线提交美国联邦航空管理局 8710-13 表格以获得远程飞行员证书。申请人需要输入 17 位的知识测试 ID 或使用纸质文件才能完成申请。申请人会通过电子邮件收到来自 FAA 的临时许可证，并通过邮件收到常规许可证。

　　过程如图 1-1 所示。

获取远程飞行员证书的步骤清单	
飞行员申请人	**其他申请人**
1 飞行员资质——持有飞行员证书(任意飞机类别的任何等级证书，飞行学员除外)，过去 24 个历月内已经完成飞行复审。	**1 找到考试地点**——通过计算机辅助测试服务(CATS)机构或 PSI/Lasergrade 计算机测试机构，找到一个 FAA 远程飞行员知识测试中心。
2 学习在线课程——参加 FAA 安全小组的在线课程并获得结业证书的副本。	**2 通过知识测试**——参加并通过 FAA 远程飞行员知识测试，获取一份知识测试报告。
3 在 IACRA 注册——在 FAA 的综合航空人员证照和签注申请(IACRA)系统中注册为"申请人"。	**3 在 IACRA 注册**——注册成为 FAA 里 IACRA 系统的"申请人"。
4 提交申请——使用 IACRA 系统在线提交远程飞行员证书申请。	**4 提交申请**——使用 IACRA 在线提交远程飞行员证书申请。
5 与 FAA 的授权代表见面——会见认证飞行教员(CFI)、飞行学校的飞行员认证代表(ACR)、飞行标准司办公室(FS-DO)官员或者指定飞行员考官(DPE)，并向他们提供： • 有效身份证件(例如，驾驶证、护照) • 在线课程结业证书 • FAA 颁发的飞行员证书 • 最近的飞行审查文件 • IACRA 申请的 ID 号码 • FAA 的跟踪号(FTN)	**5 获取临时证书**——提交在线申请之后，FAA 将通过电子邮件给申请人发送有关在线获取临时证书的说明。
6 获取临时证书——如果申请人与 FAA 官员、ACR 或 DPE 会面，将于见面期间立即颁发临时证书。如果与 CFI 会面，申请人将通过电子邮件从 FAA 收到在线获取临时证书的说明。	**6 申请完毕**——获取临时证书后，你可以开始行使远程飞行员证书的权利。你将通过 FAA 的邮件获得永久证书。
7 申请完毕——获得临时证书后，你可以开始行使远程飞行员证书的权利。 你将通过 FAA 的邮件获得永久证书。	

　　表中所列的是获取远程飞行员证书的基本步骤。飞行员申请人也可参加 FAA 知识测试，如果选择参加测试，必须书面申请。

图 1-1　获取远程飞行员证书的清单(由飞机所有者及飞行员协会
(Aircraft Owner's and Pilot's Association，AOPA)提供)

远程飞行员进行无人机飞行操控时必须保证随时能够出示飞行执照，每两年需要进行一次定期知识测试来更新执照。

这里应该指出另外两个相关项目。第一项，FAA 研究材料仅简要提到了美国国家运输安全委员会（National Transportation Safety Board，NTSB）的 830 部分。该文件也是一项法规，规定了必须在何种情况下向 NTSB 报告什么类型的事故。NTSB 830（49 CFR 830）可以通过以下网址以电子方式找到：https://www.ecfr.gov/cgi-bin/text-idx？SID = 0415f02452843d9fdffe9704f1954f2b&mc = true&node = pt49.7.830&rgn = div5。第二项，美国国家宇航局（NASA）为 FAA 编制了航空安全报告系统（Aviation Safety Reporting System，ASRS）。这是一个非归因系统，它可能会以航空安全为由起草报告进行举证，其中包括因疏忽而造成冲突的 FAA 或其他相关法规的情况。报告提交给 NASA 后，所有的个人识别信息以及报告编号将退还给提交报告的个人，NASA 仅保存报告编号。提交这样的报告，甚至是对自己不利的报告，都被 FAA 视为"具有建设性态度"的证据，这将导致 FAA 运用其权利对违反联邦航空条例的行为施加某些处罚（尤其是罚款）。该系统和过程的详细信息，请访问 https://asrs.arc.nasa.gov/。

1.7 参考文献

Air Force Instruction, Air Force Instruction 11-418, Flying Operations: Operations Supervision, Headquarters USAF, Washington DC, 2000.

DGAC, https://www.ecologique-solidaire.gouv.fr/drones-usages-professionnels.

EASA, https://www.easa.europa.eu/system/files/dfu/NPA%202017-05%20%28B%29.pdf.

Federal Aviation Regulation, Federal Aviation Regulation Part 107. Federal Aviation Administration, Washington DC, 2016.

ICAO, ICAO Cir 328, *Unmanned Aircraft Systems (UAS)*, 2011, CIR328, ISBN 978-92-9231-751-5.

JARUS, http://jarus-rpas.org/.

第2章 无人机分类和任务规划

Jean-Louis ROCH

2.1 无人机系统分类、任务概述和市场概况

本章介绍无人机系统(UAS)的分类和无人机任务的总体情况,内容包括无人机系统现有和未来将要发展的应用的具体案例,重点是基于多旋翼无人机平台的系统。这里主要强调用于"专业"用途而非"娱乐"活动的无人机。

本章我们使用"UAS"作为通用名称,不再按照国际民航组织所定义的那样把UAS与远程驾驶航空器系统(RPAS)区别开来。本章暂不讨论如何在空域中接受 UAS并把它纳入现在的空中交通体系。

无人机系统现在已经真正成为航空领域的新的组成部分,在许多领域得到了广泛认可并在大范围内使用(如国防部门),而其他部门可能还需要对无人机在特定环境下应用的针对性做进一步了解。

迄今为止,许多关于 UAS 的分类采用了多样化的依据,例如质量、速度、航时、高度、构造布局和军事用途。为了对无人机市场和应用有一个广泛和入门级的了解,我们打算在本章中使用简单的分类,主要集中在机身尺寸、飞行高度和构造布局这些数据。所以仅使用以下特征进行分类:微型/迷你型/小型/大型对应飞机尺寸,低/中/高对应飞行高度,固定翼(Fixed Wing,FW)/旋转翼(Rotary Wing,RW)/多旋翼(Multi-Rotor,MR)对应于布局。对于多旋翼平台来说,目前无人机技术主要集中在电力驱动的微型和迷你型、低空无人机系统上,但下一步可能会有进一步的发展。

至于非常成功的"玩具"无人机市场,我们不再详细介绍。这里我们可以明确无人机系统的三类专业用途。

2.1.1　国防

首先是国防领域。从航空业的发展初期开始，设计人员就一直梦想着用无人驾驶飞机去挽救人们的生命。能够确认的最早的无人机是由 Charles Kettering 和 Orville Wright 设计的 "Kettering Bug"。它出现在 1917 年，是一种无人驾驶的飞行炸弹原型机，射程为 40 英里但却并未在实际作战中使用过。军用 UAS 的迅猛发展始于 20 世纪80 年代，最初在以色列研制和运用，随后在美国得到了大力发展（和资助）。目前欧洲也计划在最近十年内按照同样的路线发展无人机。在 20 世纪 90 年代到 21 世纪的最初10 年里，美国用于 UAS 的国防开支达到了顶峰，现在，UAS 被越来越多的国家视为必备的技术。

大多数军事行动涉及观测、情报、战损评估或者是侦察。不管怎样，在目标指示和武器投送的进攻性军事行动中，无人机发挥上述作用的趋势更加明显。在这方面，已经研制和测试了许多类型的平台，其中相当一部分已经投入使用。这些无人机的质量从几克到接近 15 吨，涵盖微型、迷你型、小型、中型、大型。飞机由电力或热机驱动，主要是外形和尺寸种类多样的固定翼或旋翼型无人机。所以，国防领域为大量UAS 构型的出现起到了强有力的推动作用，当然这些各种类型的无人机现在也用到了其他领域。

2.1.2　民事安全

现在，民事安全领域已经开始考虑把 UAS 用于非常具体的任务，例如保护公民、绿色（陆地）和蓝色（海上）边界监视、警务、消防以及搜索和救援。尽管目前基本没有采购无人机用于实际的活动，但像美国国土安全部、联合国组织和欧洲边境保护局这些机构已经完成了许多实验性工作。在这个领域，既没有形成到底需要哪种具体类型无人机的完全成熟的认识，也不清楚到底要在哪些国际法规下执行哪些任务。尽管这样，大家的认识还是在不断地进步，而且这个领域将来对于 UAS 的应用推广和市场发展都是有保证的。为了实现这一目标，通过正式的国际性决议来解决 UAS 空中交通的嵌入问题和一些政府的稳定预算投资，应该形成一种共识并被大家所接受，当然实际情况并不是这样。在这种状况下，无论是大型平台还是小型平台、固定翼飞机和旋翼飞机、航空电子系统的配置简单或者复杂昂贵，UAS 市场都可能会在未来的几年里得到巩固和发展。

2.1.3　民用商业

民用商业领域的无人机产业，其商业模式通常是"企业对企业"类型。该领域的无人机产业虽然还比较年轻，但早已开始了广泛应用。目前在民用商业领域使用的通常是几公斤或更轻且相当小的平台(但是，朝着更大一些的无人机演变的迹象已经出现)，这些无人机一直在各式各样的商机中持续发展。迄今为止，最早获得成功的市场是农业市场(例如，20 世纪 80 年代末，UAS 的农药喷洒技术就在日本出现了)和航空摄影/录像市场(新近出现，目前在许多国家得到使用)。截至目前，航空摄影市场主要使用只有几公斤重或者更轻盈的小型旋转翼平台。这个行业的市场增长率，与即将出台的区域、国家和国际间统一制定的确保 UAS 安全地嵌入空域的法规能否进一步细化和被采纳有着强烈的关联性。这类法规必须尊重其他空域用户的权利以及地面人员和财产的安全。这可能需要很长时间才能完成。但是，这种监管框架的存在是民用无人机市场发展的关键，许多国家正在朝着这一目标努力。例如在欧洲，法国早在 2012 年(2015 年更新)就制定了一个成形的初步(渐进式的)监管框架，现在它使 3000 多个 UAS 操作员获得了法国当局的认证，其他许多国家也是如此。新型的 UAS 应用，尤其是在农业领域中的各种应用，正进入市场、建筑、包裹运输、线状基础设施的监视等，在这些应用中，旋翼无人机扮演着越来越重要的角色。

因此，民用商业和专业领域很可能很快成为无人机市场的爆发点。为了完成这一挑战，并超越统一监管框架的一些必需的规定，技术研究和具有成本效益的创新应该在不久的将来发挥关键作用。

2.2　旋翼无人机系统的运用特点

旋翼无人机便于在有限的工作区域内使用，使 UAS 保持在飞行员的可视范围内(Visual Line Of Sight，VLOS)。它们提供了一种用户友好的驾驶模式，能够在小范围内垂直起飞和降落，并悬停在感兴趣点的上方(或者旁边)，这是它们巨大的优势所在。一般来说，如果不能在航路点之间高速巡航，那么它们会展现出另外一个让人感兴趣的优点：一种自身安全的冗余配置。实际上，如果四旋翼驱动系统完全控制 UAS 在理论上有充足的支撑，那么多旋翼布局将带来更多的冗余和飞行安全优势，特别是在单台或多台发动机故障的情况下。这些优势对用户来说很重要，并且对民用无人机市场的快速发展产生了巨大影响。如同我们将在下面看到的那样，民用无人机市场目前已经在很多应用领域上大幅度扩展开了。多旋翼无人机是民用"商业化"专业市场上的典型产品，为许多无人机的应用打开了渠道。

从用于大多数玩具的非常大众化的简单 X4 旋翼布局，到适合专业领域应用的更复杂的 X6（"六"旋翼）或 X8（"八"旋翼）布局，多旋翼无人机呈现出了各式各样的样式，图 2-1～图 2-3 给出了一些例子。

与多旋翼无人机形成对比的是，固定翼无人机能够更快速地巡航，但通常也需要更大的操作区域。固定翼无人机不能悬停，通常更适合在开阔区域的上空飞行，比如在执行勘察线状基础设施（如道路、电力线）任务的时候。固定翼无人机的例子如图 2-4 和图 2-5 所示。

图 2-1   一种简单的四旋翼无人机（法国 R&DRONE 的 S700）

图 2-2   美国的六旋翼无人机（DraganFlyer X06）

图 2-3　在航线附近飞行的八旋翼无人机

图 2-4　法国军方使用的轻型手持式固定翼无人机(来自法国 Thales 公司的 Spy Arrow)

图 2-5　法国 Delair Tech 公司的固定翼无人机(DT 18)

　　最近引起人们注意的是通过使用可转换(或混合)平台,将固定翼和旋转翼无人机的优点结合起来的无人机:在狭窄区域内具备垂直起飞/着陆以及悬停能力(如旋转翼)、高速巡航和高空飞行能力(如固定翼)。这种混合解决方案将来可能会满足重要的市场需求，而且会引导发展出新型平台。图 2-6 给出了一个混合方案的例子。

图 2-6　实验中的"倾斜旋翼"可转换无人机(美国 Bell Textron 的"鹰眼")

2.3　基于多旋翼平台的无人机系统民用案例

民用领域的许多场合都适合使用多旋翼无人机，并且很多地方已经开始这样做了。其中一些应用仍处于技术或市场的试验阶段，但其他一些应用已经证实多旋翼无人机和民用领域的关联性，而且几乎每周都有一种新应用出现在世界某个地方。

因此，我们给出一个比较全面的清单(按字母顺序排列，没有任何优先排序)，清单上是现有的或者未来将要开发的应用。

2.3.1　航空摄影

最初用于艺术目的，基于无人机的航空摄影迅速成为民用无人机市场上的一种很流行的用途。现在，各地的商业摄影师、几何学家、生产行业等已经广泛使用无人机，有时还会配有一组不同的飞机，根据需要进行选用。

如今，得益于多旋翼无人机所提供的第三视角，别具一格、造价一般的摄影或视频拍摄记者、摄影师和企业家们都可以负担得起。这归功于无人机可以悬停，在典型细节处反复拍摄，不需要无人机驾驶员费力即可沿着悬崖、高墙和大型直立建筑(例如大教堂)或者指定的目标周围飞行。现在，一些无人机甚至被用来检查高科技工厂的生产线，如飞机制造企业。

图 2-7～图 2-9 展示了无人机拍摄专业级照片的例子，它们很可能盘旋在目标的上方。

图 2-7 法国 Novadem 的四旋翼无人机(NX 110)正在巡检建筑物

图 2-8 无人机拍摄的电塔 3D 图片

图 2-9 无人机为房地产市场拍摄的漂亮私人游泳池照片

2.3.2 农业

20世纪80年代，为了在一些小块稻田上方5米高的地方喷洒肥料，日本首次使用了旋转翼无人机。当时日本农业部举办了一项比赛，雅马哈公司在比赛中使用了100公斤级的无人直升机Rmax，最终赢得了这场比赛。这种传统的直升机式无人机的尺寸非常适合用于解决农业喷洒的问题，由此形成了一款非常成功的产品，从而打开了真正的细分市场。Rmax还被出售用于其他用途，实现了超过3000套的销量。图2-10给出了Rmax的一张非常著名的照片。

图2-10   日本的农作物喷洒直升机型无人机Rmax（来自雅马哈）

在农业上的应用目前仅限于此，尤其是在欧洲已经禁止空中喷洒作业。但是在农业领域也设想了许多其他的用途，例如病害检测和农作物勘察。

实际上，当田间出现一种疾病时，农作物的颜色和密度就会改变，从而导致田间的颜色和外观发生巨大变化。一架无人机或一个小型无人机编队可以检测到这一点，而且也已经有人在开发专门的应用软件来识别具体的疾病。

例如，法国西南部的阿基坦大区作为一个非常著名的波尔多葡萄酒产区，已经启动了 VITIDRONE 项目。这是一个专门的研究项目，目的是利用旋转翼无人机优化和保护葡萄园。一些具体的功能甚至瞄准到了潜在受损农业地区的每一株植物上。图 2-11 给出了 Vitidrone 项目的一种应用案例。

图 2-11　Vitidrone 项目是法国阿基坦大区的葡萄园保护项目，使用 Fly-n-Sense 无人机

考虑到更一般的情况，人们普遍感觉农业在不远的将来会成为世界范围内无人机市场中最重要的组成部分之一。

2.3.3　雪崩防护

总的来说，雪崩会对滑雪、登山活动造成危险，对山区环境来说也是一种非常危险的因素。世界上许多地方已经开展使用无人机对抗雪崩风险的实验，其中无人机被用来测量坡度、感知积雪，或者用无人机投放少量炸药引爆后故意触发雪崩。目前这些技术正在试验当中，应该很快就能用上，可将其视为一种真正的安全防护应用（作为民事安全领域的一部分）。

图 2-12 给出了未来使用无人机测量坡度的市场前景。

图 2-12   用于雪崩检测的旋转翼无人机

2.3.4   施工和辅助作业

许多企业家认为在建筑工地和道路工程当中，旋转翼无人机可以帮助确认难点问题、监视工作情况和评测工程的进度，对建筑和道路施工是有帮助的。

无人机还可以用来帮助识别和测量建筑物或桥梁上可能会出现的裂缝。这些很危险的任务目前都是由专业的登山者以手工方式完成的。

已经完成的大量实验再次表明，旋转翼无人机可以提供很大的帮助。一旦无人机在安全和法规方面满足了开放使用的条件，应该如图 2-13 所示，能够为以后很有销路的市场开辟出一条道路。

图 2-13   由无人机监控的萨克拉门托（加利福尼亚州）建筑项目的进度

2.3.5　线状基础设施检查

目前，类似电力线和油气管道这类线状基础设施的检查，通常由地面车辆、固定塔或飞机来完成。泄漏或盗窃时有发生，是造成巨大损耗的来源之一。用固定翼无人机监视这么长的基础设施会是一个非常好的解决方案。然而，对于检查输电线塔（见图 2-8）和泄漏评估这些任务来说，具有悬停状态的旋翼无人机也是很有用的。它们很快会被使用，可能与其他手段形成互补。

2.3.6　消防

作为民事安全领域的一部分，世界各地已经完成了很多使用无人机的灭火实验。一般来说，在这种应用中，喷洒专门的液体来主动灭火不是使用无人机的主要目的，迅速发现起火点并向地面的消防员提供有用的数据才是关键。这是对消防员、消防车和飞机这些现有手段的有益补充。目前在法国西南部的朗德省已经部署了一个应用，其中旋翼无人机是唯一可以使用的工具：包括悬停在火线正上方，在有火焰、烟雾和煤气的有毒环境里保持较低的高度，以便通过无人机拍摄的实况图像引导地面的灭火资源，如图 2-14 所示。

图 2-14　Fly-n-Sense 无人机在 Landes（法国）消防部门使用，用于识别森林火线

2.3.7　辅助捕捞

在西班牙比斯开湾以及许多其他地区，已经完成了通过无人机协助捕鱼的实验。固定翼无人机可能更适合这种应用，但是起飞和回收是一个难题，有可能带来让人难以接受的限制条件，例如可能需要特殊的手段（弹射器、回收网、电缆等），而垂直起降旋转翼无人机可以轻松避免这些问题。这个细分市场今天看来似乎还不够成熟，两种类型的无人机很可能需要共存。

2.3.8　货物运输和包裹递送

亚马逊、谷歌和其他公司所设想的这种非常流行的应用，实际上涉及了无人机必须在人口稠密的城市环境中飞行这个复杂的监管问题。对于诸如美国联邦航空管理局、欧洲航空安全局、英国民航局和法国民航总局等航空界的当局机构来说，这是一个真正的难题，到目前为止，很难想象对此问题能够达成任何可能的共识。但是，事情的发展可能比预想的更快：为了向已经获得认可而特批的无人机运输活动授权，可能会以渐进的方式制定当地的专项协议。在这种情况下，旋转翼无人机可以提供极大的帮助，因为它们可以从很小的区域垂直起飞并降落，然后直接将包裹交付给用户。举例来说，法国目前正在进行对紧急飞行授权的试验，例如使用旋转翼无人机在两家医院之间运送血液。

这可能为无人机飞行管理打开寻找新方法的大门，它们有时也被称为实验性新技术，例如 NASA 正在研究的 UTM（无人机交通管理）。

2.3.9　工业现场勘察

作为民用安全的一个典型示例，使用无人机进行工业现场勘测似乎很有吸引力，可以及早应对各种威胁，例如事故、火灾、有毒物质以及抢劫、恶意行为甚至恐怖行为。旋转翼无人机非常适合此类应用，可以采用永久监视场站，也可以快速干预以确认报警信号。这些场站是私有的，周围区域不对外开放，无人机飞行更容易获得授权：这种应用方式在未来无人机的使用中是很有前途的一部分。

图 2-15 显示了 2011 年和 2012 年使用无人机监测受损的福岛核电站。这在世界上是第一次，与 1986 年的切尔诺贝利核事故相比，这是一个巨大的进步，当时使用了载人直升机，结果造成了严重的人员伤亡。

图 2-15　2012 年用于福岛受损核电站的法国旋转翼无人机(来自 Helipse)

2.3.10　安全工作和辅助警察

无人机的另一个安全方面的应用是辅助警察部门。与无人机以往的用法相近，但范围更广，现在已经在全世界许多警察部队中使用，它们可以涵盖多种用途，如监视大型公共事件，监视人群、抗议和暴动，及早发现问题，识别狙击手以及走私和诉前侦察，或更简单的道路交通管理和事故预防。

不管哪种应用场景，都必须对无人机进行仔细处理，使其与人群保持足够的距离并易于隐藏。旋转翼无人机因在城市环境中便于隐藏、易于使用而倍受赞赏。

图 2-16 显示的是法国最近采购的警用辅助无人机(由法国国家宪兵队采购)。

图 2-16   一种新的警用产品(法国 Novadem 公司生产的 NX70，法国国家宪兵队使用)

2.3.11   保护世界公民

为保护世界公民还可以找到更广泛多样的应用方式：海岸监视，海上事故定位，搜索和救援，以及洪水、火山爆发和地震等灾害的监视。在这种情况下，无人机(更确切地说是旋翼无人机)的使用会越来越广泛。

2.3.12   野生动物保护

许多研究机构、世界各地的大学和非政府组织，已经尝试将无人机用于野生动植物、自然界、森林和野生地带的健康防护。总之，它展示了无人机的一种独特的优势。

第 3 章　无人机系统工程

Sophie LESCURE

3.1　系统工程原理简介

主要的工程目标是：

- 定义系统的功能性需求和非功能性需求
- 检查技术、成本和进度等多种系统需求的可行性
- 找出系统运行最严格的要求
- 评估各种要求对系统设计、集成和总体成本的影响
- 从重复利用的需求角度评估系统
- 对每一项需求用增值分析生成技术数据，以便对各项需求进行折中

3.1.1　性能权衡分析

在很多情况下，为达到某项给定的性能，可以考虑使用系统功能、用户技能、部署和操作条件的多种选项和多种组合来实现。很明显，要确定某一选项，必须在系统需求分析之前进行。

性能权衡分析的目的是针对运行需求分析中确定的预期性能，找出人员技能、人员配备、流程、原材料和运行条件的最佳组合。

这些决定至关重要，必须在系统功能分析和架构设计优化之前确定。

请注意，权衡分析是在系统的不同功能块之间进行选择的唯一方法，并将成为后续功能和非功能分析的基础。

3.1.2　功能性和非功能性分析与需求

需求对于客户合同技术管理和开发以及 IVVQ(Integration，Verification，Validation，

and Qualification，集成、确认、验证和鉴定）至关重要。因此，必须在满足运行需求、可行性和成本效益的同时确保它们的安全。要实现这一目标，就必然把它们同系统设计的某些要素联系起来。

因此，需求定义应从以上分析的运行和能力分析开始，首先指定系统所需的功能和性能：

（1）应进行性能权衡分析，以确定满足预期能力的各种选项中最适合的选项。

（2）系统功能需求分析，确定系统的功能和非功能需求：

1）系统和软件的预期功能。

2）功能和接口之间的交换。

3）非功能性约束和参数。

（3）可溯源的、采用运行视图模式的功能分析：

1）与运行活动有关的系统功能。

2）与运行信息有关的系统接口和数据。

（4）给系统功能分配非功能性约束，与运行性能和系统约束有关。

（5）根据系统需求定义系统/软件初始结构的初始节点。

（6）需求定义，同系统功能要求对接的双向链路和早期架构。

（7）按照功能需求和早期架构进行需求合并、检查。

过程如图 3-1 所示。

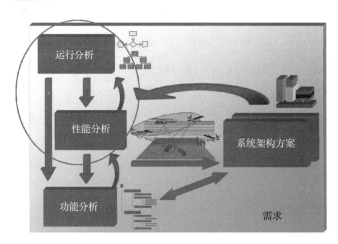

图 3-1　系统工程流程

3.1.3　通过早期系统设计检查需求可行性

无论是来自客户还是来自自身的需求，都必须在可行性、对设计的影响、复杂性、成本和性能指标方面进行检查和"权衡"。比较好的方法是构建最终系统的初步架构（系统节点）草图，并将需求"落实"到该体系结构上。

最终系统与初步架构可能存在一些差异，在需求落实期间可以检测到这些差异，这样可以得到更强、更轻松和更便宜的需求。

3.2　运行分析

运行分析的主要目的是从用户的角度理解系统的运行情况，以及用户打算通过系统运行要完成的工作。这一阶段确定系统的响应、用户活动、任务性能和动态行为。此阶段需要与系统用户进行多次通信交流。系统架构师需要了解用户工作的运行组织。运行分析还包括用户可以通过系统运行委派哪些任务。这一阶段还要回答包括系统运行条件的决策等级在内的问题，包括该系统将在办公室、船舶、移动车辆还是地面上运行？它将在什么环境下工作（如战役、沙漠或城镇等）？运行环境的设定有助于确定功能，帮助系统架构师设计各种运行规则约束下的系统。

第一步是识别通过系统接口及其组织与系统进行交互的外部参数。如果接口不会对客户组织功能产生阻碍，那么说服客户选择产品将更加容易。例如，图 3-2 显示了无人机的运行图。

对于在海军舰艇上运行的无人机，必然产生无人机作战规则，而且无人机系统需要与现有的海军舰船作战条令和规则集兼容：

- 空中作战指挥，负责管理位于舰艇上或舰艇周围所有无人驾驶或有人驾驶的航空器活动。
- 负责管理无人机飞行活动和轨迹的无人机飞行员。
- 无人机传感器操作员，负责执行各种无人机传感器、有效载荷和摄像机。

必须对这些系统元素进行重点分析，以确定海军舰艇无人机作战方案涉及的所有飞行活动。第二点是解决系统必须为用户完成哪些任务？系统将如何工作以达到预期目的？该系统将如何开发和构建？

系统工程分析必须：

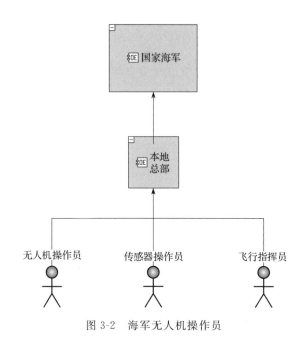

图 3-2　海军无人机操作员

- 确定应用场景
- 定义系统性能
- 定义功能链
- 给系统和参与者分配功能
- 描述功能的数据流
- 完善系统功能
- 定义状态和模式
- 定义数据模型

3.2.1　所需的运行能力

所需的运行能力是通过系统提供的服务实现高等级行动目标的能力。该分析需要与用户积极互动：哪些功能是必需的，哪些功能是可选的。目的是了解客户真正的需求。首先，系统架构师必须确定满足运行要求所需的所有运行能力。例如，图 3-3 显示了无人机起飞所必需的活动过程分解。

无人机起飞时驾驶员需要：

- 请求空中交通管制部门批准起飞

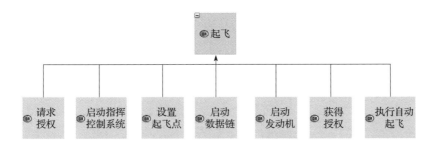

图 3-3　飞行过程分解

- 获得从空中交通管制处起飞的授权
- 启动指挥控制操作
- 设置起飞航点
- 开始与无人机建立数据链接
- 启动发动机
- 处理自动起飞

通过构建这个行为清单，即可开始定义所有需要解决的操作。如图 3-4 所示，可以看出垂直起降无人机在海上移动平台的着舰性能。系统工程分析通过确定运行场景和处理过程把客户的需求形式化。

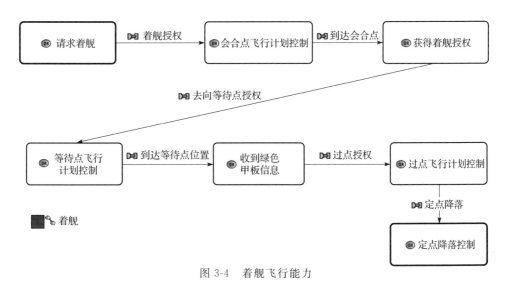

图 3-4　着舰飞行能力

3.2.2　功能分析

起飞过程所有的主要功能如图 3-5 所示。

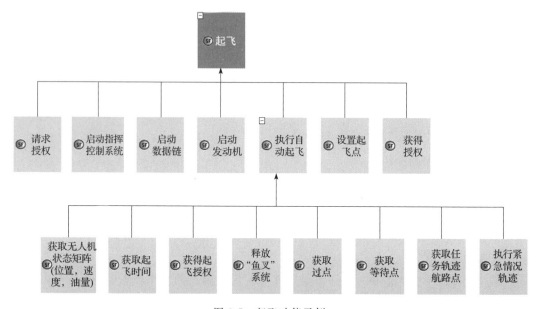

图 3-5　起飞功能示例

3.3　架构方案设计

架构方案设计的主要目标是定义需要通过系统分析进行开发的所有功能。

系统工程师需要确定必须支持的功能以及它们之间相关的信息交换，确定非功能性约束，例如方案的可靠性、安全性、质量和功耗。将性能指标分配给系统功能链，并确定角色共享，以及系统与操作员之间的交互。进行首次分配后，需要检查客户需求的可行性，包括成本、进度和技术准备情况。与客户之间的沟通可能是一个反复的过程。

系统工程师需要处理技术成熟度、子系统性能和用户工作组织三个方面的问题。下一个工程流程是在硬件系统上推出所有这些功能，并让参与者与系统进行交互。

例如，在起飞操作中，将发现两个主要因素：

- 空中操作人员，负责甲板降落或起飞许可
- 无人机操作人员

起飞部署的示例如图 3-6 所示。

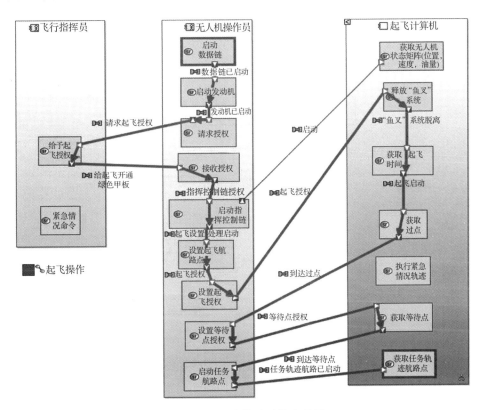

图 3-6　起飞功能的系统流程图

主要展示的是描述系统功能分析，包括与用户和外部系统的交互以及系统需求。

3.4　垂直起降飞机着舰对导航的要求

垂直起降无人机可以在没有着陆跑道的情况下起降，也可以起飞并降落在倾斜的平面上，这是垂直起降无人机的主要性能之一。着陆轨迹可以划分为三个主要阶段，如下：

- 降落集结区
- 以恒定的斜率接近降落点
- 末端降落轨迹

飞行系统通常保持恒定的高度，以优化燃油消耗。接近着陆点时，通常采用恒定的 4 度下降斜率。到达降落点上方时，无人机实施垂直降落。同样，对于甲板操作，轨迹更为复杂。首先，未经空中作战指挥官的授权，无人机不得在船甲板上飞行，该约束对甲板飞行轨迹有影响。无人机可以采用恒定的 4 度下降斜率接近，但必须跟随船舶，直到获得授权在甲板上飞行为止。由于舰艇本身也有海上航向，因此无人机最终在甲板降落之前必需按照一定的方向接近甲板位。着舰的飞行场景在图 3-7 中所示。

图 3-7　无人机着舰操作场景

3.5　导航链架构

舰艇和无人机移动时，系统需要传感器提供位置、速度和加速度数据。无人机接收来自控制舰的指令，完成用户定义的飞行任务和甲板起降过程。接收控制舰指令的计算机称为飞行任务系统（Flight Mission System，FMS）。飞行任务系统接收到上级指令，并把它们处理成飞行所需的底层指令。

数据链接确保无人机与主控舰之间的通信畅通，地面控制站（Ground Control Station，GCS）设置在舰艇上。导航链的主要元素如图 3-8 所示。

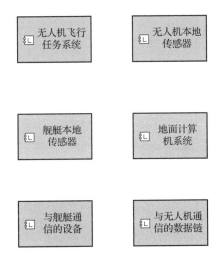

图 3-8　导航系统功能分布

导航的功能链如图 3-9 所示。

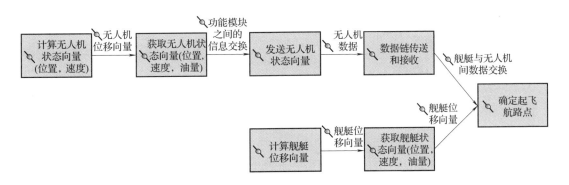

图 3-9　无人机着舰中的导航功能链

3.6　通信系统架构和限制条件

图 3-10 给出了无人机系统的通用架构。

视距内的通信系统由主管系统性能的工程师进行管理。地面控制系统和无人机系统之间的最大通信距离，由以下公式确定：

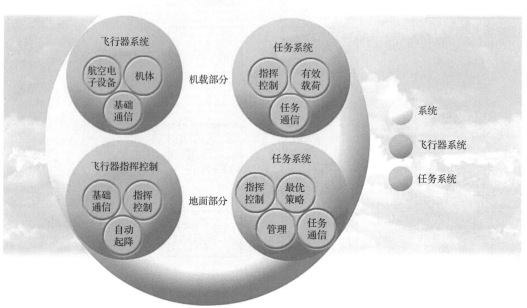

图 3-10　无人机系统的通用架构

$$\mathrm{LOS}=4.2\sqrt{\mathrm{UAV}_{无人机}}+\sqrt{\mathrm{UAV}_{地面天线}}$$

3.6.1　自由空间中的信号传播

数据链路传输的信号会因经过距离 D 的传播而衰减。传播损耗以 dB 表示，公式如下：

$$\mathrm{Propagation}_{\mathrm{Loss}}=32.4+20\times\log_{10}D_{\mathrm{km}}+20\times\log_{10}f_{\mathrm{MHz}}$$

3.6.2　大气中的信号传播

发射的电磁波同样会因大气层中存在的气体而衰减，而且这些电磁波会出现衍射现象。

传播损耗以 dB 表示，公式如下：

$$\mathrm{Diffraction}_{\mathrm{Loss}}=20+0.72\times\log_{10}\left(\frac{f_{\mathrm{MHz}}}{300}\right)^{\frac{1}{3}}$$

无人机系统通信原理的定义如图 3-11 所示。

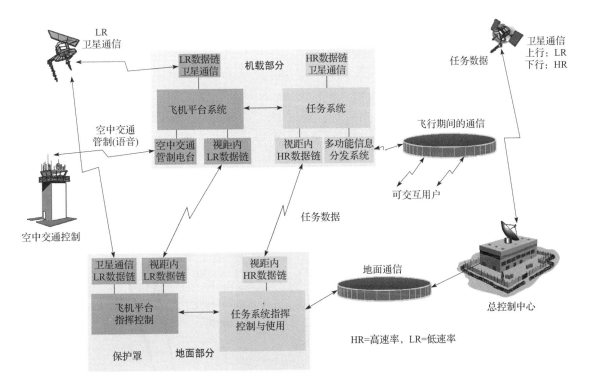

图 3-11　无人机的通信系统

3.7　人为因素

图 3-12 给出了无人机在舰艇着舰的功能分配链条，里面包含的各种功能要分配给系统和操作员。

对于无人机飞行而言，人为因素与系统安全和人身安全息息相关。无人机处于飞行状态下的时间可能会比工作日更长，因此两个驾驶团队可以在同一天操作同一架无人机。出于这种情况，必须确定关键事件。当第一支队伍停止工作时，即使它仍在飞行，他们也会本能地停止无人机发动机，而第二支队伍接管无人机时将无法检查无人机的发动机状态。人为因素分析是无人机系统开发的必不可少的工作。对于系统工程师来说，设计系统时要考虑到人为因素，这一点极为重要。

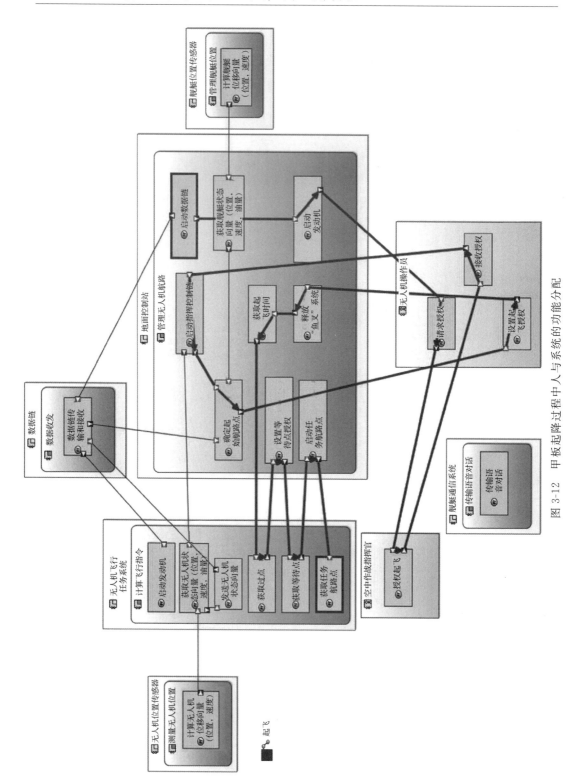

图 3-12 甲板起降过程中人与系统的功能分配

3.8　集成–确认–验证

系统集成是指对构成系统的各个子系统的硬件集成进行一系列必要的检测和测试。

系统确认是指对系统和工厂测试进行性能指标检查的一系列必要的检测和测试。

系统验证是指向客户演示系统性能指标的一系列必要的检测和测试。此过程通常称为独立确认和验证(Independent Verification and Validation，IVV)。

通常需要进行不同级别的独立确认和验证：

- 仿真过程中通过测试进行算法验证
- 对安装到系统真实硬件上的软件进行检测
- 在环路测试中使用硬件对 UAV 系统仿真进行检测

第4章 基于流体动力学方程的大规模无人机路径规划

Mohammadreza RADMANESH，Kelly COHEN，Manish KUMAR

4.1 无人机及应用上的挑战

无人机(UAV)，尤其是小型无人机(sUAV)在民用、军事和工业领域中出现了多种用途。然而，无人机进入国家空域系统之前，需要探讨解决一些问题。这些不仅包括引导、控制和导航，还包括以安全可靠的方式融入国家空域系统所引起的问题。最优解在空气动力学和控制中非常重要，对降低成本和及时完成任务有重大影响（Radmanesh等，2014）。

无人机可分为固定翼、多旋翼、扑翼和垂直飞行器。最近，使用无人机进行了许多具有挑战性的任务，例如巡逻、边境监视和野火监视。UAV 具有一系列潜在的用途，在这些应用场景中，人并不是最佳的选择。兰德研究所对小型自动无人机首次进行研究，这项工作对能够执行搜救任务的小于 5 厘米的无人机开展了多项研究。

无人机欲进入的国家空域系统极其复杂，包含禁飞区、有人驾驶飞机以及将来的无人驾驶飞机。由于问题涉及大量决策变量，尤其是存在此类障碍的情况下，无人机的路径规划变得非常具有挑战性。动态变化的环境将使问题变得更加复杂——因为飞行路径不能事先知道，而环境一旦发生变化，无人机的飞行路径必然重新计划。

如今，即使是最高科技的无人机也需要飞行人员执行简单的任务（Newcome，2004）。随着技术和应用的发展，无人飞行器将不再需要操作员。这一程序要求在机载计算和规划方面增强无人机的自主性，并减少与地面站的通信。因此，研究人员对进一步扩展无人机的功能越来越感兴趣，为的是无人机能够执行更复杂的任务（Radmanesh等 2018，Radmanesh 和 Kumar，2016）。

4.2　路径规划和流体模拟

4.2.1　运动规划与控制

　　运动控制系统是使用制动器控制如飞行器的位置或速度等状态的系统。制动器可以定义为控制飞行器的一种电动机或硬件控制器。运动控制系统由制导、导航与控制(Guidance，Navigation and Control，GNC)的独立模块组成，如图 4-1 所示。制导系统的输入是路径规划器的输出。这些模块在控制系统中具有重要的作用。

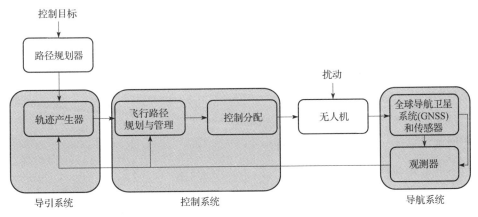

图 4-1　运动控制系统方案

- **路径规划器**：根据飞行器的特性、环境和目标(起点和终点位置或姿态)的变化等约束，固定某些约束条件来获取所需的结果(Radmanesh 和 Kumar，2016)。路径规划器的输出可以是航路点、轨迹等。
- **制导**：获取路径规划器的输出以及导航系统提供的数据。路径规划器的输出用作去往何处的"指令"。然后，制导系统会连续计算飞行器必须具备的参考位置、速度和加速度，以便执行路径规划器的指令(Radmanesh 和 Kumar，2016)。路径规划器的轨迹和制导系统的参考轨迹并不相同。制导系统的轨迹会同时考虑路径规划器输出的轨迹或航路点以及飞行器的当前位置，在计算参考轨迹之前，控制系统应遵循路径规划器输出的轨迹。
- **导航**：通常使用全球导航卫星系统(Global Navigation Satellite System，GNSS)和运动传感器(加速度计、陀螺仪)来确定飞行器的位置、速度、加速度、姿态和距离（Radmanesh 和 Kumar，2016）。

- **控制**：使用导航系统中的信息和制导系统中的参考轨迹来计算必要的控制能力，以尽可能接近参考轨迹。这些控制能力既是控制系统的输出，也是执行器的输入（Kaminer 等，2007）。

图 4-1 显示的是运动控制系统的整体方案。

4.2.2　最佳路径规划和控制问题

本章的重点是路径规划和控制问题的轨迹生成层。主要目的是开发一种算法，使无人机群能够以集中或分散的方式自主、协同地做出战术决策，并生成轨迹来执行任务，同时还要考虑问题的不确定性因素。因此，本章中各种路径规划方法求解飞行路径的主要顺序可以确定为：

- 定义问题
- 确定约束条件
- 预测其他飞行器的运动
- 明确地描述问题并找到控制方程
- 求取方程的解

4.2.3　路径规划和偏微分方程方法概况

要实现无人机进入民航领域，必须先解决将无人机融入国家空域系统中所带来的挑战。最重要的挑战之一是无人机不仅要计划自己的任务执行路径，还要具备重新计划或调整其轨迹以避免与其他飞机相撞的能力。

除了将无人机融入空域之外，另一个因素是过去 50 年来飞机数量的急剧增加。载人飞机的增加，以及未来无人机群的加入将对空中交通管制构成严峻挑战。因此，航空无线电技术委员会（Radio Technical Commission for Aviation，RTCA）和美国联邦航空管理局（FAA）被责成在 2020 年前实现从空中交通管制到空中交通管理的无缝转换（Rios 等，2016；Perry，1997），其中纳入了计划或重新计划无人机路径的机制，以避免与其他飞机相撞。

对于存在其他飞行器的情况下规划无人机飞行路径问题，研究人员已经进行了各种尝试。一组研究涉及集中式计算，随着智能体数量的增长，该计算集变得难以计算（Radmanesh 和 Kumar，2016；Chandler 等，2000）。另一种方法是分布式或分散式路径规划(Panagou 等，2014，2016；Min 等，2009；Beard 等，2006)。分散式规划器将求取最优解问题分解为较小的子问题，其基本原理是与解决一个大型集中式问题相比，解决多个小问题更快、更可扩展(Gu 等，2015)。虽是先前的一些研究都集中在针对多无人机的分散路径规划和任务分配上，但大多数研究都集中在简化的飞行器动力学的平面运动上。分散方法的主要问题之一是强制执行全局约束(Innocenti 等，2010)。Kuwata 和 How 提出了一种基于滚动时域混合整数线性规划的方法，而没有考虑时间协同(Kuwata 和 How，2011)。McLain 和 Beard 提出的策略重点是产生有保障的、可飞行且平滑的路径，该策略使用了协调功能，通过协调路径特征来实现智能体团队之间的协同时间安排(McLain 和 Beard，2005)。Kaminer 等于 2007 年提出了将状态空间与更复杂的控制规则分离的方法。

　　Van Den Berg 等在一种策略中考虑了分布式或分散式方法，使用相互速度障碍物进行实时多智能体导航(2008，2011)。Olfati-Saber 和 Murray(2002)以及 Chuang 等(2007)采用了一种策略，使用虚拟势场保持特定编队形式。这些研究提供了有趣的结果，但没有同时考虑路径规划和避免碰撞。其他研究通过使用可达性分析确定安全参数，优化系统轨迹(Fisac 等，2015；Bayen 等，2007)。状态空间离散化以及 Hamilton-Jacobian 偏微分方程(PDE)共同提出了求解器的可扩展性问题，因为随着智能体数量的增加，这些方法的复杂度呈指数级增长(Bansal 等，2017)。前述方法存在的一个主要问题是没有考虑到模型误差和风扰等因素的不确定性。

　　偏微分方程(PDE)通常用于模拟与流体力学和热力学有关的系统建模。而在机械和生物系统建模领域，它们也被证明是有用的(Quarteroni，2010)。本章利用了多孔介质中流动的流体力学特性。流体流动的阻力是多孔介质应予考虑的主要特征之一。例如，由于下沉对应于较低势能的事实，流体会从源头流到下沉点。在这个过程中，流体会找到渗透率最高区域的路径或阻力最小的路径。在热传递中也可以发现相同的情况，其中材料的热导率决定了热传播的路径(Radmanesh 等，2017)。

　　近些年的文献中，已经出现了将 PDE 和 PDE 建模用于控制的一些研究。例如，Barooah 等研究了采用分散式双向控制方法给车辆进行纵向编队的问题(Barooah 等，2009)。这项研究将每辆车建模为双积分器，再推导出离散纵队动力学方程的 PDE 近似值。在单个纵向编队中添加更多的车辆时，可以使用导出的 PDE 模型解释闭环系统的稳定性。同样，Frihauf 和 Krstic(2011)使用了一种基于 PDE 方法的智能体稳定部署算法。在另一项研究中(Elamvazhuthi 等，2018)，研究人员使用基于 PDE 最优化的随机映射和覆盖策略，研究对象是一群机器人。在他们的研究中，使用反应对流扩散 PDE 模型，智能体的任务是收集数据并确定关注的区域。解映射任务即转化为使用 PDE 模型中空间相关系数解凸优化问题。此外，对于覆盖问题，他们的研究提出了一种最优控制问题的公式，文中将生成的 PDE 模型表示为双线性控制系统，而智能体的状态作为控制输入。Prorok 等 (2011) 提出一种智能体随时间变化的空间动力学，采用基于 PDE 的 Fokker-Planck 扩散模型为一群机器人建模。Correll 和 Hamann 在 2015 年提出了另一项关于蜂群的研究，受蜜蜂在自然界中的行为启发，同样使用了基于 PDE 的 Fokker-Planck 技术。

在本章中，基于我们之前的工作 (Radmanesh 等，2017)，针对多无人机路径规划问题，提出了一种新颖的协作方法，该方法的灵感来自 PDE 在流体力学、热力学、电流回路和热传导中的使用情况。用 PDE 方法推导表面孔隙率来模拟整个区域内的流体流动。流体域中无孔的部分被认为类似于无人机需要回避的危险区域。在之前的工作中 (Radmanesh 等，2017)，我们提供了一种集中式的方法来求解 PDE，它要用到机群中所有无人机的轨迹信息。为解决先前的问题，本章提出一种分散的方法求 PDE 的解，该方法把多智能主体预定义为通信拓扑，并对它们实施控制，同时保证飞行安全，保持机群队形。这个方法是分散的，不需要所有无人机的完整轨迹信息。算法仅需要所有无人机的初始位置、目标位置以及到达时间。无人机的信息初始时是可用的，但在任务期间无法共享其轨迹，这一现实情况激发我们提出这个方法。此外，本章还提出了一种顺序计划方法。最后，通过数值仿真证明了该方法的性能，并与其他方法进行了比较。

4.3　问题描述

在本节中，我们给出问题的一般描述形式。考虑 N 架无人机，用动力学公式描述为：

$$\forall i \in \{1,\cdots,N\}: \quad \dot{x}_i = \mathfrak{f}_i(x_i,u_i,d_i);$$

$$u_i \in \mathcal{U}_i, d_i \in \mathcal{D}_i \qquad [4\text{-}1]$$

在式 [4-1] 中，每架无人机的状态 $x_i \in \mathbb{R}^N$，无人机 i 的控制 $u_i \in \mathcal{U}_i$，以及环境效果 (如无人机网络的扰动)$d_i \in \mathcal{D}_i$，均假设为有界的。我们进一步假设，对于固定的 u_i 和 d_i，流场 $\mathfrak{f}_i : \mathbb{R}^N \times \mathcal{U}_i \times \mathcal{D}_i \to \mathbb{R}^N$ 在 x_i 中是均匀连续的、有界的和 Lipschitz 连续的。

为了实现防撞功能，我们定义了飞行器 i，$\forall j \in \{1,\cdots,N\}$ 在整个飞行过程相关的

碰撞区域 $\mathbb{D}_{ij}(t)$。碰撞区域由公式[4-2]定义：

$$\forall i \& j \in \{1, \cdots, N\} \quad \& \quad i \neq j$$

$$\mathbb{D}_{ij}(t) = \{x \in \mathbb{R}^n : \|x_i - x_j(t)\| \leqslant c\} \qquad [4-2]$$

在公式[4-2]中，$\|\cdot\|$ 代表欧几里得距离。碰撞区域可确保飞行器在任何时候与其他飞行器保持最小的预定距离 c。本章解决碰撞问题的示意图如图 4-2 所示。图中显示有多架无人机，每架无人机都有自己的碰撞区和目标位置。每架无人机必须从其当前位置行进到目标位置，而不会侵犯其他无人机的碰撞区。

在这里，无人机被认为是受运动动力学条件约束的流体粒子，但可以

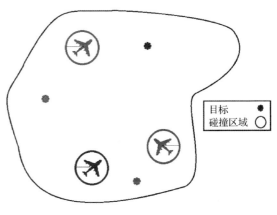

| 目标 | 碰撞区域 |

图 4-2　问题设置

用流体运动公式控制，流线表示每条路径。势函数 f 表示流体在多孔区域内的移动方式。下一节介绍流体模拟。

4.4　流体模拟

将流体力学的**连续方程**当作基函数 f，用它在多孔域 $\mathbb{C}$ 中生成所有可能的路径解。用公式[4-3]表示，其中 ϕ 是所评估三维点的孔隙率，ρ 是流体的密度，u 是流体的速度：

$$(\phi\rho)_t + \nabla \cdot (\rho u) = f \quad \text{in} \quad \mathbb{C} \qquad [4-3]$$

然后，将**达西定律**应用于式[4-4]，就描述了流体通过多孔区域的流动情况。应用公式[4-3]的稳态解可获得：

$$-\sum_{e \in \{x,y,z\}} \left[\frac{\partial}{\partial e} \kappa \frac{\partial u}{\partial e} \right] = f \qquad [4-4]$$

式[4-4]中，κ 代表介质 $\mathbb{C}$ 的渗透率。应注意，针对流体中的微粒采用有限元方法，则计算域中处理的始终是实数。将**二阶中心差分**法应用于每个空间点，对流体粒子属性进行插值时，仅使用当前评估单元之前和之后单元的值，以此求取每个单元近似的孔隙率。为此，使用有限差分法将方程[4-4]在 x、y 和 z 方向离散化（Mitchell 和 Griffiths，

1980)，替换公式[4-4]，得出公式[4-5]，公式[4-5]中的指数表示网格点。变量 h_x、h_y 和 h_z 分别是 x、y 和 z 方向上的步长。由于 x、y 和 z 网格间隔不是等距的，因此对它们的定义有所不同。$O(h_e^2)$ 是数值估计误差，可以通过考虑较小的网格大小 h_e 来忽略 (Ferziger 和 Peric，2012)：

$$
-\frac{\kappa_{i+1/2,j,k}(u_{i+1,j,k}-u_{i,j,k})-\kappa_{i-1/2,j,k}(u_{i,j,k}-u_{i-1,j,k})}{h_x^2}
$$

$$
-\frac{\kappa_{i,j+1/2,k}(u_{i,j+1,k}-u_{i,j,k})-\kappa_{i,j-1/2,k}(u_{i,j,k}-u_{i,j-1,k})}{h_y^2}
$$

$$
-\frac{\kappa_{i,j,k+1/2}(u_{i,j,k+1}-u_{i,j,k})-\kappa_{i,j,k-1/2}(u_{i,j,k}-u_{i,j,k-1})}{h_z^2}
$$

$$
=f_{i,j,k} \tag{4-5}
$$

公式[4-5]中的变量 (i,j,k) 代表棋盘格化区域的单元格坐标。考虑边界条件后，获得公式[4-5]在整个域 $\mathbb{C}$ 的解。

公式[4-5]的结果显示了各网格点不同流速 u 的多条流线。既然域中只有一个起点和一个终点，可**应用磁通边界条件约束来减少解的数量**，该条件约束为起始时间 t_0 位于 (x_0,y_0,z_0)，结束时间 $\mathbb{T}$ 位于 (x_f,y_f,z_f)。该过程可以解释如下：

在域 $\mathbb{C}$ 中，从起始位置到目标位置会生成多个流线或流路。式[4-5]表示的不可压缩流动动力学表明，流线遵循速度场约束，并在目标位置结束。流线采用代价公式进行评估（即安全地以最短的距离到达目标位置），并使用 Runge-Kutta **方法**（RKM）算法转换为 (x,y,z) 点的阵列（Radmanesh 等，2017）。Runge-Kutta 方法产生所有从初始点到目标位置的路线，而不与任何其他智能体（即计算域 $\mathbb{C}$ 的实体部分）发生碰撞，并且不会违反流体约束，Radmanesh 等于 2017 年对该方法进行了更深入的研究。

使用以上技术生成的流线包含了流体粒子的时空信息。以下部分将利用该方法的这一特征来生成无人机的预测集。当然，只有满足无人机运动学和动态约束的流线才会用于生成路径。

4.5 预测集

机群达到目标的状态集——未来的时间步长计算，可以定义如下。

定义 4.1 多个智能体共享目标和到达时间信息在总飞行时间 $\mathbb{T}$ 内的预测集（PS）是多孔介质中确定的 PDE 式[4-6]的解：

$$\mathbf{PS}_{i,\delta}:\{ \exists \mathbf{SL}_\delta : (\phi\rho)_t + \nabla(\rho u) = f \quad \text{in} \quad \mathbb{C} \},$$

$$\mathbf{s.\,t.} \quad \forall t \in [t_1,\mathbb{T}] \quad \& \quad \mathbf{SL}_\delta \notin [g(x)\bigcup j(x)] \tag{4-6}$$

其中 $\mathbf{PS}_{i,\delta}$ 表示 UAV i 飞往目标位置 $\delta \in G$ 的预测集，而 $\mathbf{SL}=\bigcup(x,t)$ 表示流线，这些流线将无人机从起始点引导到各个目标位置。用更简单的话来说，按照（Radmanesh等，2017）提出的方法进行后处理之后，每条流线都是一条潜在的路径，其中包含带有时间标记的位置信息。在式[4-6]中，$\mathbb{T}$ 是考虑到其他无人机群的总时间，t_1 是预测的开始时间，$g(x)$ 和 $j(x)$ 分别表示地形图和多孔介质的固体部分。应该注意的是，尽管环境的地形图 $g(x)$ 是固定的和预定义的，但函数 $j(x)$ 却在不断变化。为回避环境中的威胁和碰撞，该函数随之变化（Radmanesh 等，2017）。

4.6 节给出了式[4-6]的数值解，获得了从初始位置到目标位置的所有流线（Radmanesh 等，2017）。通过在 $[t_1,\mathbb{T}]$ 中添加时间约束，可以找到所有可接受的解。

图 4-3 显示了蓝队到达其位于 G_1 和 G_2 目标的预测集。随后，此预测集将用于红队的路径规划。

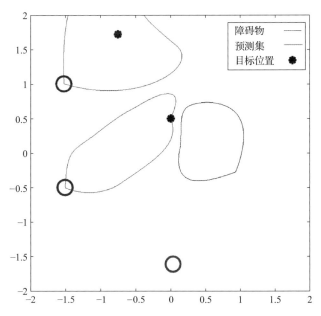

图 4-3　对蓝队在预先规定的时间内到达目标位置进行预测。在这种情况下，飞行区域受到障碍物位置的影响（彩色版本见 www.iste.co.uk/cazaurang/multirotor.zip）

上述部分有一个前提，即假设飞行器与竞争者共享目标和到达时间信息。否则，如果仅共享到达时间，则可以按照公式[4-7]中的定义实现定义 1 的一般形式：

$$\forall \delta \in G \quad : \quad PS_{i,total} = \bigcup_g PS_{i,\delta} \qquad [4\text{-}7]$$

例如，考虑图 4-3 中所示的预测集，如果未提供目标位置，则预测集将如图 4-4 所示。

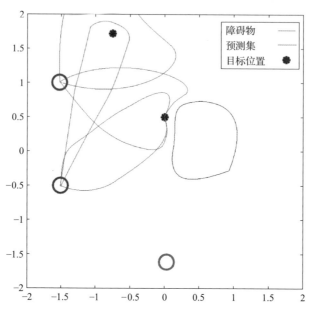

图 4-4   预测集的结果仅包含总飞行时间，没有提供竞争机群（蓝色）的目标位置，但提供了总飞行时间（彩色版本见 www.iste.co.uk/cazaurang/multirotor.zip）

4.6   集中式方法的控制方程

在此，假定环境中的飞行器是多相流中的颗粒。多相流方程通常需要大量计算才能求解。因此，我们旨在简化多相流方程并诠释控制方程。可采用多相流的集中算法，也可使用单相流的分散算法求取方程组的结果。

4.6.1   构建集中式方法的控制方程

本节简要介绍了多相流的控制方程，想了解有关多孔介质中流体流动解析表示的更多详细信息，可参考（Trehan 和 Durlofsky，2016）和（Cardoso 和 Durlofsky，2010）的文章。这里考虑对整个流场使用一组守恒方程对多相流进行模拟。此外，我们不考虑表面张力，而只考虑表面下的流动。由于材料特性，以及流场在整个界面上通常是不连续的特点，控制方程的微分形式必须解释为弱形式（Trehan 和 Durlofsky，2016）。换句话说，将从多相流的高仿真方程（即式[4-8]和式[4-10]）开始，通过使用简单的假设，让机器学习技术计算较为简单的方程形式。

作为初步介绍，有必要讨论式[4-8]中所示的 PDE 二元函数 $\mathbb{H}$，如果存在特定的流体，则等于 1，否则等于 0。函数 $\mathbb{H}$ 是流体流量的张量，它表示在某些坐标中存在不同相（如油和水）的流量。该二进制函数通过函数 δ（狄拉克德尔塔函数）生成，在数值模拟过程中需要对其进行近似处理。式[4-8]中完整地诠释了该函数的近似值（Trehan 和 Durlofsky，2016）：

$$\forall (x,y,z)\,;\quad \mathbb{H}=\int_{V(t)}\delta(x-x')\delta(y-y')\delta(z-z')\mathrm{d}V \qquad [4\text{-}8]$$

式[4-8]中，积分在由轮廓 S 界定的体积 V 上进行，主坐标（如 x'，y'，z'）表示流体前表面中的点（与多孔体相互作用之前）。简单起见，在式[4-8]中，假定值是对称的。然后，我们定义：

$$\nabla \mathbb{H}=-\int_{S}\delta(x-x')\delta(y-y')\delta(z-z')n'\mathrm{d}S \qquad [4\text{-}9]$$

考虑到多孔介质中流体密度的变化，我们在函数中添加了另一个参数 $\mathbf{H}$，该参数取决于多孔介质中流体的密度：

$$\rho(x,y,z,t)=\rho_k\mathbf{H}(x,y,z,t)+\rho_0(1-\mathbf{H}(x,y,z,t)) \qquad [4\text{-}10]$$

其中

$$\mathbf{H}=\omega \cdot \mathbb{H}(x,y,z,t) \qquad [4\text{-}11]$$

ω 是一个确定压力函数 $\mathbf{H}$ 独立性的参数。在式[4-10]中，ρ_k 是 $\mathbf{H}$ 为 1 时的密度，而 ρ_0 是 $\mathbf{H}$ 为 0 时的密度。

在这种情况下，Navier-Stokes 方程定义为：

$$\begin{aligned}\frac{\partial \rho \mathbf{u}}{\partial t}+\nabla \cdot \rho \mathbf{uu}=&-\nabla P+\rho f+\nabla \cdot \mu(\nabla \mathbf{u}+\nabla^{\mathrm{T}}u)\\&+\int \sigma \kappa'\boldsymbol{n}'\delta^{\beta}(x-x')\mathrm{d}s'\end{aligned} \qquad [4\text{-}12]$$

该方程在整个域均有效。式[4-12]中的参数 $\mathbf{u}$ 表示速度域，P 是压力，f 是体积力。在此，δ^{β} 是三维 δ 函数，$\beta=3$ 表示维度。参数 κ 是二维流线的曲率，$\boldsymbol{n}$ 是垂直于正面的单位向量。应该注意的是，假设介质具有对称性，可以忽略 "'" 符号（Tryggvason 等，2001）。流量的质量守恒由式[4-13]引入：

$$\frac{\partial \rho}{\partial t}+\nabla \cdot \rho \mathbf{u}=0 \qquad [4\text{-}13]$$

尚不能确定流体为不可压缩的假设是准确的，因为当流体通过多孔介质时，压力下降是自然界中的普遍现象。

本章的目的是在**数值**上求解一组完全隐式的、离散的非线性方程组，其可表示为 (Cardoso 和 Durlofsky，2010；He 等，2011，2014)。

$$g(x^{n+1}, x^n, u^{n+1}) = 0 \qquad [4\text{-}14]$$

其中 g 是趋于 0 的残差向量。在式[4-14]中，x 表示状态，u 是控制变量，n 是时间步长。为了减少与高仿真模型方法相关的计算量，考虑了降阶建模方法。这将导致近似误差，但具有计算增益方面的优势。因此，牛顿法被认为是式[4-14]的求解器。牛顿法的应用要求存在一阶和二阶导数。

牛顿方法在第 k 次迭代时需要一个 Jacobian 矩阵，如下所示：

$$\mathbb{J} \in \mathbb{R}^{2N_g \times 2N_g}; \quad \mathbb{J}^k = \frac{\partial g^{n+1,k}}{\partial x^{n+1,k}} \qquad [4\text{-}15]$$

在本章中，考虑了公式[4-14]的分段表示，在 Trehan 等(2017)的文中有详细说明。公式[4-14]中的残差函数可以用公式[4-16]表示为：

$$g^{n+1} \approx g^{i+1} + \frac{\partial g^{i+1}}{\partial x'^{i+1}}(x^{n+1} - x'^{i+1})$$
$$+ \frac{\partial g^{i+1}}{\partial x'^{i}}(x^n - x'^i) \qquad [4\text{-}16]$$
$$+ \frac{\partial g^{i+1}}{\partial u'^{i+1}}(u^{n+1} - u'^{i+1}) + \Omega(\frown^2) = 0$$

代替公式[4-16]中时间步长为 n 时的状态，残差向量使用时间步长 i 的最接近状态来近似，该状态是从学习过程中获得的(Trehan 等，2017)，而 $\Omega(\frown^2)$ 是二阶和更高阶残差。应该注意的是，在状态向量中，没有如定理 4.1 所述获得压力解。

备注 4.1 文献中提及的不同求解方法中(Toro，2013)，一种流行的方法是解决压力并消除其他参数之一，如空间上的速度。这将极大减少计算时间，并且有必要讨论"轻微可压缩流"和"不可压缩流"的假设。

应该注意的是，非线性方法仍然为求解增加了不必要的复杂性。在定理 4.1 中，我们旨在提供更多假设，如忽略压力变化以降低复杂性和对最优解的影响。特别是将提供充分的证据，证明式[4-16]的近似将导致式[4-13]的解是可接受的。

定理 4.1 式[4-16]给出的用于求解特定状态 x 和 u 下式[4-13]的数值求解方法收敛于精确解，而无需对整个域上的压力梯度进行任何假设(即特定点收敛方法)(Liu 等，2007)。

证明 式[4-16]给出的线性近似包含了二阶张量。在此步骤中，由于 i 被认为足够接近 n，因此式[4-16]可以写为式[4-17]：

$$g^{n+1} = \mathbb{J}^{i+1}(x^{n+1} - x'^{i+1})$$
$$+ \frac{\partial g^{i+1}}{\partial x'^{i+1}}(x^n - x'^i) \qquad [4\text{-}17]$$
$$+ \frac{\partial g^{i+1}}{\partial u^{i+1}}(u^{n+1} - u'^{i+1}) + \Omega(\frown^2) = 0$$

一旦有了精确的学习集，近似形成的残差函数 Ω 将与 x^2 的数量级相同，如果有足够的学习数据，x^2 的数量级将可以忽略不计（Talay，2007）。在公式[4-17]中，逐项分析表明残差向量不依赖于压力，因此假设压力的任何变化（以及流量的可压缩性）都不会影响求解。因此，定理证明完毕。　　　　　　　　　　　　　　　　　　　□

4.6.2　求解细节和流程

多孔介质中多相流的高仿真模拟将需要大量的计算机内存。因此，针对训练的初始阶段，Cardoso 和 Durlofsky（2010）的文章提出的 Jacobian 信息可以用于减少计算时间。计算需要构建基础和生成必要的矩阵，其时间与执行训练模拟所需的时间相当。

求解前面提出的式[4-16]，首先用 C++ 来设计软件，然后使用接口导入 MATLAB 进行进一步处理。当前场景下已保存的解（从如上所述的训练集获得）用 x^{i+1} 表示，训练后获得已保存解附近的新解用 x^{n+1} 表示。观察式[4-17]，应注意计算 x^{n+1} 时也需要在上一步中获得的解 x^i 和 x^n。

4.7　数值计算

对于这种控制策略，我们将使用式[4-16]直接求解多相流方程（即式[4-10]），以获得流线（SL）。然后，使用后处理技术（Radmanesh 等，2017），我们将为智能体找到最短、最安全的距离。算法 4-1 提供了集中控制器的更多详细信息（Radmanesh，2019）。

这个控制策略考虑了非均相多相流，并使用式[4-16]中介绍的方法求解数值方程，以便找到可能的最佳路径作为最优解。使用此控制方案的智能体遵循的路径如图 4-5 所示。在这种情况下，所有三架飞行器似乎都略微偏离了直线轨迹，以免彼此碰撞。由于集中控制器的限制非常严格，因此偏差很小，用这种方法可获得最优解。配置最密集的时间点（智能体之间的距离最接近）为 $t=10$，这表明飞行器靠得很近，但仍然能够避开彼此的碰撞区域。

算法 4-1　使用 PDE 方法的集中控制器程序

给定各无人机的限制条件；
根据无人机的数量设置不同的流体相；
求解计算域的多相流（即式[4.10]）；
任意随机的初始位置和目标位置；
提供一个集中式解的学习集；
$t \leftarrow 0$；
iter$\leftarrow 0$；
while 下一个位置不是无人机的目标位置 **do**
 while iter$<$max$_{iter}$ **do**
  for 无人机当前状态和限制条件　**do**
   求解式[4.16]；
   在学习环境中找到最佳的 $u^*(t)$（所有智能体的最佳控制决策）；
   if　该解可接受　**then**
    存储该解
    根据 $u^*(t)$ 设置无人机飞行的线路
    将 X^* 传送给所有其他的智能体
    $t \leftarrow t + 1$
   else
    删除不可接受的解；
    Break；
   end
  end
 end
 iter $\leftarrow$ iter$+1$；
end
end

与最优解的比较

在最优性和计算时间方面，必须把集中式方法获得的解同全局最优的解进行比较。本节将建议的 PDE 方法与全局最优解——基于混合整数线性规划（MILP）的方法进行计算量和最优性方面的比较。表 4-1 列出了几种多个智能体场景获得的结果，比较两种方法的最优性和计算时间。对于每个场景，试验了平均 25 个随机的初始位置汇总在此表。应当指出，归一化代价（在第二栏中显示）是建议方法获得的代价与 MILP 方法获得的代价之比。TS 表示两种方法所需的求解时间。该表清楚地表明，与最优方法相比，所提出的方法具有优于 MILP 方法的计算优势，而在最优性方面表现略逊一等。

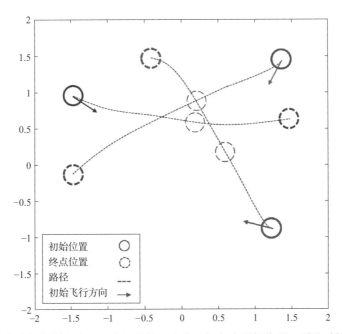

图 4-5　集中式路径规划方法。三个智能体，事先已知各自目标位置，到达时间也相互共享

表 4-1　对 MILP 方法与建议的 PDE 方法在不同场景下进行比较

智能体数目	PDE 归一化代价	MILP TS×10^{-1}(s)	PDE TS×10^{-1}(s)
3	1.0001	6.1	4.1
5	1.0001	6.7	4.3
10	1.0005	7.4	6.7
100	1.002	42.5	40.2

4.8　结论

在本章中，对于多无人机路径规划问题的方程和求解方法提出了一种基于偏微分方程（PDE）的新颖框架。该框架使用代表多孔介质中多相流体流动的 PDE 方程组实现多无人机路径规划。首先，使用建议的集中方法获得 PDE 的解。该方法与全局最优解的 MILP 方法进行比较，证实了所提出方法的最优性，而计算效率更高。利用各个无人机的飞行时间信息可以获得航路预测集。该方法已经证明可在模拟环境中使用，该环境包

括三个无人飞行器和建筑物作为固定障碍物，具有真实感。最后，最多达到 100 架无人机的多种场景下，比较了使用建议的方法获得的解与使用 MILP 获得的解。

4.9　参考文献

Bansal, S., Chen, M., Fisac, J.F. and Tomlin, C.J. (2017). Safe sequential path planning of multi-vehicle systems under presence of disturbances and imperfect information. *American Control Conference*. American Automatic Control Council.

Barooah, P., Mehta, P.G. and Hespanha, J.P. (2009). Mistuning-based control design to improve closed-loop stability margin of vehicular platoons. *IEEE Transactions on Automatic Control*, 54(9), 2100–2113.

Bayen, A.M., Mitchell, I.M., Oishi, M.M. and Tomlin, C.J. (2007). Aircraft autolander safety analysis through optimal control-based reach set computation. *Journal of Guidance, Control, and Dynamics*, 30(1), 68.

Beard, R.W., McLain, T.W., Nelson, D.B., Kingston, D. and Johanson, D. (2006). Decentralized cooperative aerial surveillance using fixed-wing miniature UAVs. *Proceedings of the IEEE*, 94(7), 1306–1324.

Cardoso, M. and Durlofsky, L.J. (2010). Linearized reduced-order models for subsurface flow simulation. *Journal of Computational Physics*, 229(3), 681–700.

Chandler, P., Rasmussen, S. and Pachter, M. (2000). UAV cooperative path planning. *AIAA Guidance, Navigation, and Control Conference and Exhibit*, 1255–1265.

Chuang, Y.-L., Huang, Y.R., D'Orsogna, M.R. and Bertozzi, A.L. (2007). Multi-vehicle flocking: Scalability of cooperative control algorithms using pairwise potentials. *IEEE International Conference on Robotics and Automation*, IEEE, 2292–2299.

Correll, N. and Hamann, H. (2015). Probabilistic modeling of swarming systems. In *Springer Handbook of Computational Intelligence*, Kacprzyk, J. and Pedrycz, W. (eds). Springer, 1423–1432.

Elamvazhuthi, K., Kuiper, H. and Berman, S. (2018). PDE-based optimization for stochastic mapping and coverage strategies using robotic ensembles. *Automatica*, 95, 356–367.

Ferziger, J.H. and Peric, M. (2012). *Computational Methods for Fluid Dynamics*. Springer Science & Business Media.

Fisac, J.F., Chen, M., Tomlin, C.J. and Sastry, S.S. (2015). Reach-avoid problems with time-varying dynamics, targets and constraints. *Proceedings of the 18th International Conference on Hybrid Systems: Computation and Control*, ACM, 11–20.

Frihauf, P. and Krstic, M. (2011). Leader-enabled deployment onto planar curves: A PDE-based approach. *IEEE Transactions on Automatic Control*, 56(8), 1791–1806.

Gu, X., Zhang, Y., Chen, J. and Shen, L. (2015). Real-time decentralized cooperative robust trajectory planning for multiple UCAVs air-to-ground target attack. *Proceedings of the Institution of Mechanical Engineers, Part G: Journal of Aerospace Engineering*, 229(4), 581–600.

He, J., Durlofsky, L.J. *et al.* (2014). Reduced-order modeling for compositional simulation by use of trajectory piecewise linearization. *SPE Journal*, 19(05), 858–872.

He, J., Sætrom, J. and Durlofsky, L.J. (2011). Enhanced linearized reduced-order models for subsurface flow simulation. *Journal of Computational Physics*, 230(23), 8313–8341.

Innocenti, M., Pollini, L. and Bracci, A. (2010). Cooperative path planning and task assignment for unmanned air vehicles. *Proceedings of the Institution of Mechanical Engineers, Part G: Journal of Aerospace Engineering*, 224(2), 121–131.

Kaminer, I., Yakimenko, O., Dobrokhodov, V., Pascoal, A., Hovakimyan, N., Cao, C., Young, A. and Patel, V. (2007). Coordinated path following for time-critical missions of multiple UAVs via l1 adaptive output feedback controllers. *AIAA Guidance, Navigation and Control Conference and Exhibit*, 6409.

Kuwata, Y. and How, J.P. (2011). Cooperative distributed robust trajectory optimization using receding horizon MILP. *IEEE Transactions on Control Systems Technology*, 19(2), 423–431.

Liu, G., Dai, K. and Nguyen, T.T. (2007). A smoothed finite element method for mechanics problems. *Computational Mechanics*, 39(6), 859–877.

McLain, T.W. and Beard, R.W. (2005). Coordination variables, coordination functions, and cooperative-timing missions. *Journal of Guidance, Control, and Dynamics*, 28(1), 150–161.

Min, H., Sun, F. and Niu, F. (2009). Decentralized UAV formation tracking flight control using gyroscopic force. *IEEE International Conference on Computational Intelligence for Measurement Systems and Applications*, IEEE, 91–96.

Mitchell, A.R. and Griffiths, D.F. (1980). *The Finite Difference Method in Partial Differential Equations*. John Wiley & Sons, New York.

Newcome, L.R. (2004). *Unmanned Aviation: A Brief History of Unmanned Aerial Vehicles*. AIAA.

Olfati-Saber, R. and Murray, R.M. (2002). Distributed cooperative control of multiple vehicle formations using structural potential functions. *IFAC Proceedings Volumes*, 35(1), 495–500.

Panagou, D., Turpin, M. and Kumar, V. (2014). Decentralized goal assignment and trajectory generation in multi-robot networks: A multiple Lyapunov functions approach. *IEEE International Conference on Robotics and Automation*, IEEE, 6757–6762.

Panagou, D., Stipanović, D.M. and Voulgaris, P.G. (2016). Distributed coordination control for multi-robot networks using Lyapunov-like barrier functions. *IEEE Transactions on Automatic Control*, 61(3), 617–632.

Perry, T.S. (1997). In search of the future of air traffic control. *IEEE Spectrum*, 34(8), 18–35.

Prorok, A., Correll, N. and Martinoli, A. (2011). Multi-level spatial modeling for stochastic distributed robotic systems. *International Journal of Robotics Research*, 30(5), 574–589.

Quarteroni, A. (2010). *Numerical Models for Differential Problems vol. 2*. Springer Science & Business Media.

Radmanesh, M. (2019). A unified framework for multi-UAV cooperative control based on partial differential equations. PhD Thesis, University of Cincinnati.

Radmanesh, M. and Kumar, M. (2016). Flight formation of UAVs in presence of moving obstacles using fast-dynamic mixed integer linear programming. *Aerospace Science and Technology*, 50, 149–160.

Radmanesh, M., Nematollahi, O., Nili-Ahmadabadi, M. and Hassanalian, M. (2014). A novel strategy for designing and manufacturing a fixed wing MAV for the purpose of increasing maneuverability and stability in longitudinal axis. *Journal of Applied Fluid Mechanics*, 7(3).

Radmanesh, M., Guentert, P.H., Kumar, M. and Cohen, K. (2017). Analytical PDE based trajectory planning for unmanned air vehicles in dynamic hostile environments. *American Control Conference*. American Automatic Control Council, 4248–4253.

Radmanesh, M., Kumar, M., Guentert, P.H. and Sarim, M. (2018). Overview of path-planning and obstacle avoidance algorithms for UAVs: A comparative study. *Unmanned Systems*, 1–24.

Rios, J., Mulfinger, D., Homola, J. and Venkatesan, P. (2016). NASA UAS traffic management national campaign: Operations across six UAS test sites. *35th Digital Avionics Systems Conference*, IEEE, 1–6.

Talay, D. (2007). Numerical solution of stochastic differential equations. *Stochastics and Stochastics Reports*, 47, (1–2), 121–126.

Toro, E.F. (2013). *Riemann Solvers and Numerical Methods for Fluid Dynamics: A Practical Introduction*. Springer Science & Business Media.

Trehan, S. and Durlofsky, L.J. (2016). Trajectory piecewise quadratic reduced-order model for subsurface flow, with application to PDE-constrained optimization. *Journal of Computational Physics*, 326, 446–473.

Trehan, S., Carlberg, K. and Durlofsky, L.J. (2017). Error estimation for surrogate models of dynamical systems using machine learning. arXiv 1701.03240.

Tryggvason, G., Bunner, B., Esmaeeli, A., Juric, D., Al-Rawahi, N., Tauber, W., Han, J., Nas, S. and Jan, Y.-J. (2001). A front-tracking method for the computations of multiphase flow. *Journal of Computational Physics*, 169(2), 708–759.

Van Den Berg, J., Lin, M. and Manocha, D. (2008). "Reciprocal velocity obstacles for real-time multi-agent navigation. *IEEE International Conference on Robotics and Automation*, IEEE, 1928–1935.

Van Den Berg, J., Guy, S., Lin, M. and Manocha, D. (2011). Reciprocal n-body collision avoidance. *Robotics Research*, 3–19.

第 5 章　遗传模糊系统在飞行冲突解脱中的应用

Anoop Sathyan，Nicholas Ernest，Loïc Lavigne，

Franck Cazaurang，Manish Kumar，Kelly Cohen

本章讨论使用遗传模糊逻辑方法解决飞机冲突解脱问题。速度和机动参数的不确定性增加了解脱问题的复杂性，这意味着任何时刻飞机位置都将位于由凸包表示的不确定性区域内。我们的目标是获得飞机的无冲突轨迹，使得机动总代价最小。本章讨论一种独特的架构，该架构由神经元的隐藏层和提供最终输出的模糊推理系统(FIS)层组成。其中使用了一种名为 EVE 的人工智能训练系统，一旦训练完成，便会使用一组测试场景评估其功能。我们将此方法的代价和计算时间与直接应用遗传算法(Genetic Algorithm，GA)所需的代价和计算时间进行了比较。结果表明，该方法可快速获得接近最优的解。

5.1　引言

本章使用 EVE 的试用版，EVE 是由 Psibernetix 公司开发的基于遗传模糊树的人工智能(AI)，可用于训练大型模糊逻辑系统。

飞机冲突解脱是空中交通管制日常必须处理的非常重要的问题。尽管近年来对通用航空安全进行了许多改进，但空中相撞的次数并没有相应减少。每年平均发生约 12 起空中碰撞事故，其中许多事故导致多人死亡(AOPA Air Safety Institute，2015)。为防止发生碰撞，飞机彼此之间保持安全距离非常重要。这对于民用航空和军事航空都至关重要。

飞机冲突解脱问题(Aircraft Conflict Resolution Problem，ACRP)已经采用多种不同方式建模，主要是使用纯粹的分析方法，它们的模型往往会受到如恒定速度和线性轨

迹之类的限制，这是此类技术固有的缺陷。Allignol 等（2013）提出另一种方法构建一个新框架，该框架将模型与求解器分开，它可以通过某种改进——如增加风和轨迹的不确定性来增强模型，同时还能使用相同数据比较不同求解方法的性能。它要计算一个四维矩阵，这个矩阵的索引（index）由各场景内的飞机和机动参数构成，矩阵包含了求解问题需要的所有数据。这使 ACRP 变成组合优化问题，而飞机数量的不断增加使得数据量也急速增加，求解此问题变得越来越困难。然后就用该框架建立各种场景下冲突解脱的基准，这些场景涵盖给定飞机数量（5 架、10 架或 20 架）的情况，一定程度的不确定性和预定义的机动次数。求解不同实例时，使用了两种不同的优化范式，即进化算法（Evolutionary Algorithm，EA）和约束规划法（Constraint Programming，CP）。

Allignol 等（2013）研究了使用 EA 和 CP 在离散搜索空间进行搜索。本章中的五机和十机问题要求用迭代遗传模糊系统（Genetic Fuzzy System，GFS）智能地搜索整个连续搜索空间，因此也须使用类似的框架。GFS 中的模糊逻辑系统（Fuzzy Logic System，FLS）由模糊推理系统（Fuzzy Inference System，FIS）网络组成，每个模糊推理系统网络都由一组隶属函数和一组规则库构成。每个 FIS 具有两个输入和一个输出。通常 GFS 中，使用遗传算法（GA）调整隶属函数及其规则库。虽然仍然保留 GFS 一词，但实际上我们将使用名为 EVE 的人工智能（Artificial Intelligence，AI）来调整 FLS 的参数。EVE 在应用方面类似于遗传算法，但它是针对具有数百或数千个参数的训练系统量身定制的，效率比遗传算法高得多。尽管我们的方法在系统中嵌入了冲突检测方法，但是如果需要，可以灵活地使用其他冲突检测器。因此，我们的框架也包含一个与求解器分开的模型。

本章中讨论的方法可以帮助航线上的空中交通管制员采用无冲突的路径，同时与原始航线的偏移最小。系统所需的唯一输入是飞机在 70 海里[⊖]半径的圆形空域上的起点和终点位置、每架飞机的速度以及存在的不确定性。随着无人机在各种民用和军事应用中的日益普及，这项研究开发的技术具有巨大的潜力。

5.2 问题描述

飞机冲突解脱问题，要求为每架飞机找到一条无冲突的路径，使它们在 70 海里半径的圆上从一点安全地移动到另一点（见图 5-1），同时将其机动代价降至最低。如图 5-2

⊖　1 海里＝1852 米。——编辑注

所示，每架飞机只能进行一次机动动作。我们的目标是为每架飞机定义一条路径，使得在进行机动之前的移动距离(d_0)最大化，并使机动角度(α)最小化，而且使机动点与飞机重新定向点(转向其原始目的地的点)之间的距离(d_1)最小化。每架飞机的速度都在384～576 节(kt)⊖的范围内选择。机动角 α 在 $-30°$～$30°$的范围内选择。

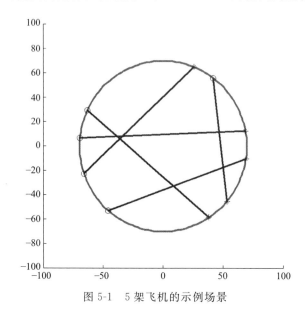

图 5-1   5 架飞机的示例场景

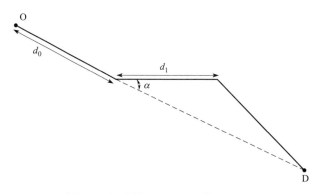

图 5-2   机动模型(Sathyan 等，2017)

由于目标是为每架飞机找到一条无冲突的路径，以使 d_0 最大化，而 d_1 和 α 均最小，因此对于由 n 架飞机组成的情形，要最小化的代价函数为

⊖ 1 节＝1.852 千米/时。——编辑注

$$cc = \sum_{i=1}^{5} ((1 - dn_{0i})^2 + dn_{1i}^2 + k_{\alpha i}^2) \qquad [5\text{-}1]$$

其中 dn_0 和 dn_1 分别是 d_0 和 d_1 的归一化值，其范围为 $[0,1]$，而 k_a 是相对于 $30°$ 的 α 的归一化值，范围为 $[-1,1]$：

$$k_a = \frac{\alpha}{\left(\dfrac{\pi}{6}\right)} \qquad [5\text{-}2]$$

该问题还考虑了影响飞机速度 (v) 以及机动参数 (d_0,d_1,α) 的不确定性参数 (ε)，其范围如下所示：

$$d_0 \in [d_{0\text{mean}} - \varepsilon,\ d_{0\text{mean}} + \varepsilon]\text{NM} \qquad [5\text{-}3]$$

$$d_1 \in [d_{1\text{mean}} - \varepsilon,\ d_{1\text{mean}} + \varepsilon]\text{NM} \qquad [5\text{-}4]$$

$$\alpha \in [\alpha_{\text{mean}} - \varepsilon,\ \alpha_{\text{mean}} + \text{epsilon}]\text{deg} \qquad [5\text{-}5]$$

$$v \in \left[v_{\text{mean}}\left(1 - \frac{\varepsilon}{100}\right),\ v_{\text{mean}}\left(1 + \frac{\varepsilon}{100}\right)\right]\text{kt} \qquad [5\text{-}6]$$

这导致飞机在每一时刻都具有不确定区域。对于这项工作，我们考虑了最低的不确定性水平 $(\varepsilon = 1)$。

因此，这项工作的目标如下：

1) 开发基于 FLS 的智能系统，该系统能够获得每架飞机的无冲突路径，同时将机动代价降至最低，如公式 [5-1] 所示；

2) 将结果与直接将遗传算法（GA）应用于飞机冲突解脱问题所得的解进行比较。

5.3　方法

5.3.1　五机问题

我们的目标是开发一种模糊逻辑系统，它可以评估每架飞机的轨迹，使得发生冲突的机会最小化，同时又使式 [5-1] 中给出的总机动代价最小化。如果两架飞机相距 5 海里之内，将被视为冲突。图 5-3 显示了解决五架飞机问题的网络结构。网络的输入包括五架飞机中每架飞机的标准化值 (d_0,d_1,α) 和冲突参数 t_{col}，因此共有 31 个输入。输入 t_{col} 的范围是 -1 到 $+1$，它是第一次冲突发生的时间度量。值 -1 表示在 $t = 0$ 处立即发生冲突，而值 $+1$ 表示当前场景不存在冲突。输入 $\boldsymbol{x}_i$ 是 15 个元素的向量，其中包括五架飞机中每架飞机的（dn_0，dn_1，k_a）。下标 i 表示第 i 次迭代。模糊逻辑系统（FLS）执行 15 次迭代。FLS 通过使用名为 scikit-fuzzy（scikit 2019）的软件包在 Python 中进行设置，该软件包使我们能够定义各种模糊推理系统（FIS）参数，例如隶属函数、规则库和反模糊化类型。

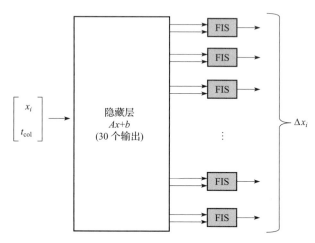

图 5-3　五机问题的 FLS 结构（Sathyan 等，2017）

图 5-3 中的隐藏层类似于神经网络中使用的隐藏层，用于耦合各个输入。隐藏层的输出先经过 tanh 激活函数，然后再作为输入传递到 15 个解耦的 2 输入 1 输出 FIS。FLS 的输出 Δx_i 是网络为下一次迭代建议的 x_i 值的变化量。下式给出了第 $i+1$ 次迭代的输入 x_{i+1}：

$$x_{i+1} = x_i + \Delta x_i \qquad [5\text{-}7]$$

使用这种网络的优势在于，它可以大大减少需要调整的参数数量，如果只使用单个带有 31 个输入并产生 30 个输出的 FIS，那么它将具有大约 10^9 个参数。然而，我们的 FLS 只需使用 735 个参数进行描述。

FLS 执行 15 次迭代，并在每次迭代过程中评估公式［5-8］中给出的代价。我们对公式［5-1］中的代价函数进行略微修改，对冲突予以惩罚。变量 C 是二进制值。如果存在冲突，C 等于 1，否则等于 0：

$$cc = \sum_{i=1}^{5} ((1 - dn_{0i})^2 + dn_{1i}^2 + k_{ai}^2) + 30C \qquad [5\text{-}8]$$

对于第一次迭代，要考虑输入值，以使机动的总代价最高，即每架飞机的（dn_0，dn_1，k_a）=（0，1，1）。针对这个场景评估 t_{col} 的值，然后将其与 x_i 一起输入 FLS。$C=$

0 时 cc 的最大值为 15。选择值 30 可以使冲突的惩罚大于最大机动性。EVE 必须调整包含权重和偏差隐藏层的参数。EVE 还调整了网络中 FIS 的隶属函数和规则库的边界。FIS 的每个输入和输出都使用三个隶属度函数定义，需要使用 EVE 调整其边界。图 5-4 显示了一组隶属函数的示例，其中使用 EVE 调整了值 a 和 b。对每个 FIS 中的所有输入和输出都必须完成调整。EVE 中的每个染色体都由隐藏层的权重和偏差、隶属函数的边界以及规则库中的规则集组成。训练过程中对参数进行调整，以降低式[5-8]中定义的五机问题的代价函数值。

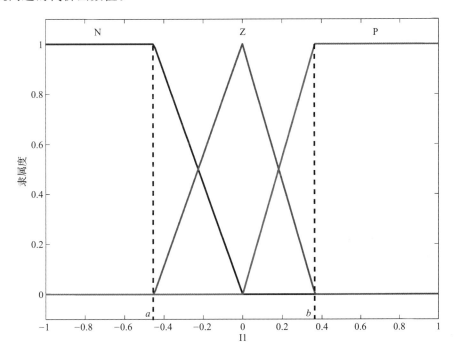

图 5-4　输入或输出隶属函数示例。边界使用参数 a 和 b 定义，这些参数使用 EVE 进行了调整
（彩色版本见 www.iste.co.uk/cazaurang/multirotor.zip）

1. 冲突检测

这项研究的主要议题是检测可能发生的冲突。当两架飞机彼此越过安全距离时，就会发生冲突。对于此问题，安全间隔距离设置为 5 海里。每一段时间步长都会检测冲突。时间步长以 5 秒为增量考虑，因此它们既不会太小以至于进行太多的计算，也不会太高而错过可能的冲突。对于 FLS 的每次迭代，必须检查结果输出是否引起冲突，以便可以评估代价函数 cc。

为此，我们在每个时间步长评估各架飞机的位置。由于飞机的位置存在不确定性，因此将飞机的位置建模为凸包。不确定性影响 d_0、d_1、α 和速度(v)，所有这些因素累计构成飞机位置的不确定性。使用这四个参数边界的所有可能组合，对于每架飞机将得到 $2^4 = 16$ 个点，用于评估相应的凸包。据此可以获得每架飞机的不确定区域。

由于安全间隔距离为 5 海里，因此我们将不确定性区域缓冲 2.5 海里，以获得每架飞机的缓冲多边形。如果任一缓冲的多边形出现重叠或包含在另一个内部，则表示存在冲突。通过这种方法，我们基本上评估了这些缓冲区域的交集，以检测当前场景中每个时间步长是否存在冲突。

2. 训练系统

设置 FLS 结构后，需要对其参数进行调整，使得式[5-8]中给出的代价函数在 15 次迭代中获得的最低值最小化。这是使用基于 GFS 的 AI 在训练数据集上完成的，它的名称是 EVE。

虽然可以使用传统的 GA 进行训练，但实际上将使用专门的系统。EVE 训练 AI 是一棵遗传模糊树，旨在训练大型智能系统。EVE 曾经在 24 小时内在一台台式 PC 上成功训练的最大系统包含大约 300 个 FIS，EVE 已经应用于解决一系列问题，包括飞机控制(Ernest 等，2016)、安全分析和药物有效性预测(Fleck 等，2017)。EVE 这种高性能和大容量的训练参数，主要通过对适应度函数每一次评估的有效性进行最大化来实现。EVE 染色体的每个部分都经过特殊编码，可以同时对隶属函数、规则库和其他参数(如增益因子)进行更高性能的训练。它的每一代都执行特定的多样性测量和学习分析，对 FIS 组调整训练环境参数以优化学习潜力并避免局部最优。由于 EVE 是专门针对优化大型模糊系统的学习系统，因此它也可以递归地应用于自身。EVE 经过了几代的自我优化，将成为这项工作的理想训练系统。

对于我们的工作，要调整的变量包括隐藏层的参数(权重和偏差)、隶属函数的边界以及规则库中的规则集。EVE 可以用来调整隶属函数的形状，尽管在大多数情况下，假定三角形和梯形隶属函数是安全的。

5.3.2 十机问题

十机问题使用了类似的结构，尽管它具有更多的输入和输出。对于十机问题，需要预测 10 组(d_0, d_1, α)。因此，FLS 具有 31 个输入和 30 个输出。FLS 架构如图 5-5 所示。30 个元素的向量 x_i 由十架飞机的 d_0、d_1 和 α 值组成。

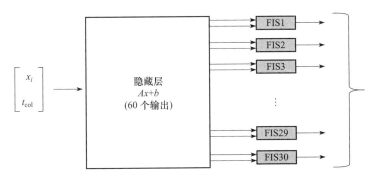

图 5-5　十机问题的 FLS 架构(Sathyan，2017)

在训练期间，将执行 FLS，并评估式[5-9]中给出的代价，完成 50 次迭代。下面定义的代价函数具有 $50C$ 而不是式[5-8]中使用的 $30C$。这样做是出于对冲突的惩罚，而不是回避的手段：

$$\mathrm{cc} = \sum_{i=1}^{10} \left((1 - \mathrm{dn}_{0i})^2 + \mathrm{dn}_{1i}^2 + k_{ai}^2 \right) + 50C \qquad [5\text{-}9]$$

5.4　结果

EVE 还有一组需要定义的参数，例如 GA。群体总数设置为 200。EVE 运行了 150 代。使用 EVE 成功训练了 FLS 之后，在各种场景下我们可以将 FLS 应用于测试数据集，并估计飞机的无冲突轨迹。将使用我们的 FLS 获得的结果与通过直接应用 GA 调整飞机的机动参数(d_0，d_1，α)获得的结果进行比较。

5.4.1　$\varepsilon = 1$ 的五机问题

表 5-1 列出了具有最低不确定性($\varepsilon = 1$)五机问题的测试结果。显示的值是使用测试数据在 25 个不同场景下获得的平均值。它还显示了与直接应用 GA 调整五架飞机的 15 个参数(d_0，d_1，k_a)所得结果进行比较的情况。GA 的群体规模设置为 60，运行 120 代。

表 5-1　$\varepsilon = 1$ 时五机问题的结果(Sathyan，2017)

	平均代价	平均计算时间(秒)
使用 EVE 调整 FLS(15 次迭代)	3.11	13.56
使用 EVE 调整 FLS(100 次迭代)	2.7	93.13
GA(120 代)	2.43	1621

表 5-1 中的结果显示了我们训练有素的 FLS 提供快速、接近最优解的效率。可以注意到，随着迭代次数增加到 100，代价显著降低。请注意，这还是仅在测试期间完成，而不是在训练阶段完成。该表还显示了直接使用 GA 调整 15 个参数（五架飞机的（d_0，d_1，k_a））获得的结果。GA 能够找到稍微更好的最优值，但是随着迭代次数增加，与 GA 相比，FLS 的速度也明显更快。但是对于这样的应用，即使代价略高，快速获得解也很重要。

图 5-6 显示了特定情况下使用 FLS 估算的每架飞机轨迹。轨迹上的一串小多边形，显示了沿路径的各个时刻按照 2.5 海里缓冲距离情况下每架飞机的不确定区域。每架飞机的起点和终点分别由蓝点和红点表示。

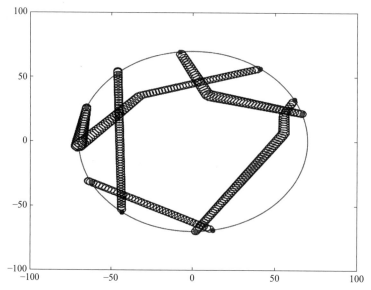

图 5-6　$\varepsilon=1$ 时五机问题的 FLS 解。多边形代表每个时间步长的缓冲不确定区域（Sathyan，2017）（彩色版本见 www.iste.co.uk/cazau-rang/multirotor.zip）

5.4.2　$\varepsilon=2$ 的五机问题

对于中等不确定度（$\varepsilon=2$）的情况，图 5-3 中所示的 FLS 被重新训练。$\varepsilon=2$ 时，每架飞机的不确定区域将更大。用于训练的数据集比用于 $\varepsilon=1$ 的数据集稍微复杂一点，因为允许起点和终点彼此靠近，这增加了冲突的可能性。

然后将经过训练的 FLS 在测试数据集上进行测试，获得的结果如表 5-2 所示。同样可以注意到，随着测试过程中迭代次数的增加，FLS 的性能也会提高，并且与 GA 相比，FLS 能够更快地产生好的解。测试数据的 25 个不同场景中，FLS 和 GA 均无法找到三个场景的无冲突轨迹。图 5-7 显示了 FLS 预测的飞机轨迹。多边形代表每个时间步长的不确定性缓冲区域。

表 5-2　$\varepsilon=2$ 时五机问题的结果(Sathyan，2017)

	平均代价	平均计算时间(秒)
使用 EVE 调整 FLS(15 次迭代)	10.6	12.88
使用 EVE 调整 FLS(100 次迭代)	8.91	90.73
GA(120 代)	7.49	1659

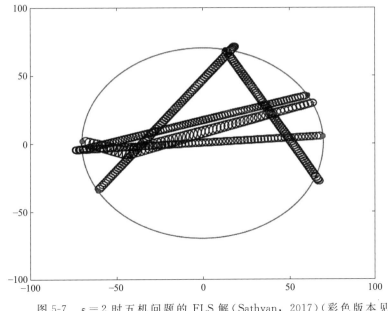

图 5-7　$\varepsilon=2$ 时五机问题的 FLS 解(Sathyan，2017)(彩色版本见 www.iste.co.uk/cazaurang/multirotor.zip)

5.4.3　$\varepsilon=1$ 的十机问题

与五机问题相比，十机问题中发生冲突的可能性要高得多。在针对五机问题设计的 FLS 的测试过程中观察到，随着迭代次数的增加，方法的性能也会提高。因此，即使在训练阶段，FLS 的迭代次数也设置为 50。FLS 经过图 5-5 中所示的训练之后，可以将其应用于测试数据，检查其有效性。

表 5-3 显示了不确定性水平最低($\varepsilon=1$)情况下，使用 FLS 在十机问题的测试数据上获得的结果。测试数据包含 25 个不同的场景。将其与直接使用 GA 调整 30 个参数所获得的结果进行比较。GA 运行了 120 代，群体总数为 100。可以注意到，随着迭代次数的增加，方法的性能也随之提高。尽管 GA 能够获得稍好的优化结果，但基于 FLS 的方法明显比 GA 更快。GA 和 FLS 分别无法找到五种和六种场景的无冲突轨迹。

表 5-3　$\varepsilon=1$ 时十机问题的结果(Sathyan，2017)

	平均代价	平均计算时间（秒）
使用 EVE 调整 FLS(50 次迭代)	20.06	33.22
使用 EVE 调整 FLS(200 次迭代)	18.72	155.9
GA(120 代)	14.35	2351

图 5-8 显示了某个测试场景里，使用我们的方法获得的轨迹。

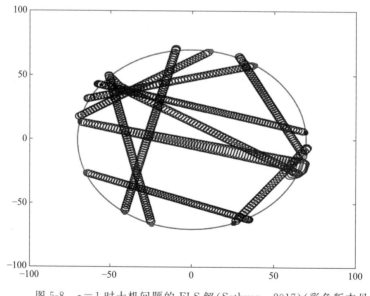

图 5-8　$\varepsilon=1$ 时十机问题的 FLS 解(Sathyan，2017)(彩色版本见 www.iste.co.uk/cazaurang/multirotor.zip)

尽管本章讨论的方法是针对五架和十架飞机的问题，但是可以通过增加 FLS 的大小以合并更多的输入和输出，以及对代价函数进行适当的更改，将其轻松扩展到更多飞机的情况，如以下针对 20 架飞机和更一般的 N 架飞机的情况。

1）**20 机问题**：FLS 有 61 个输入和 60 个输出。20 机问题的代价函数如下：

$$cc = \sum_{i=1}^{20} ((1 - dn_{0i})^2 + dn_{1i}^2 + k_{ai}^2) + 90C \qquad [5\text{-}10]$$

2）**N 机问题**：对于 N 架飞机的一般情况，FLS 将具有（$3 \times N + 1$）个输入和 $3 \times N$ 个输出，代价函数如下。p 值的选择应使其大于无碰撞的最大可能代价。

$$cc = \sum_{i=1}^{N} ((1 - dn_{0i})^2 + dn_{1i}^2 + k_{ai}^2) + pC，\ p > 3N \qquad [5\text{-}11]$$

5.5　结论与未来工作

本章讨论了遗传模糊系统在解决飞机避碰问题中的适用性。这种方法可以扩展到具有 15 或 20 架飞机的较大规模问题以及较高的不确定性水平（$\varepsilon = 2，3$）。相信我们的方法将很好地解决更大规模的问题。对于规模更大的问题，网络规模将更大，因此，EVE 将需要调整更多的参数。不确定性水平的增加意味着飞机的不确定性区域将更大，从而导致发生冲突的可能性更高。值得注意的是，增加迭代次数可以改善训练和测试期间的解。将这种方法扩展到更大规模问题时，可以将迭代次数设置为更高的值以提高性能。还需要将基于 GFS 的方法与法国民用航空大学提供的基准解进行比较（ACRP，2017）。看看使用我们的方法获得的解离最优解有多近会很有趣。

本章介绍了一种独特的基于模糊逻辑的网络，该网络结合了神经元的隐藏层和 2 输入 1 输出的 FIS 层。隐藏层用于处理输入之间的相关性，以便其输出可以传递到解耦的 FIS 层上。这种架构的优势在于可以大大减少系统建模所需的参数数量。反过来，这意味着可以使用较小的数据集来训练系统，而不会出现太多过拟合的情况。讨论了使用 EVE 训练 FLS 的过程，EVE 是一种基于 GFS 的 AI，能够训练其他 FLS。经过训练后，基于 FLS 的方法在一组新的场景中进行了测试，结果表明该机制在快速寻找接近最优解方面非常有效。这对于需要快速解而不是最优解的许多应用程序很有用。

5.6　参考文献

ACRP (2017). A Benchmark for Conflict Resolution Algorithms. Available: http://clusters.recherche.enac.fr/ [Accessed 27 March 2017].

AOPA Air Safty Institute (2015). Collision Avoidance Strategies and Tactics. Available: www.aopa.org/-/media/Files/AOPA/Home/Pilot-Resources/ASI/Safety-Advisors/sa15.pdf [Accessed 30 November 2016].

Allignol, C., Barnier, N., Durand, N., and Alliot, J.-M. (2013). A new framework for solving en-routes conflicts. *10th USA/Europe Air Traffic Management Research and Development Seminar*. June 10–13, Chicago USA.

Ernest, N., Carroll, D., Schumacher, C., Clark, M., Cohen, K., and Lee, G. (2016). Genetic fuzzy based artificial intelligence for Unmanned Combat Aerial Vehicle control in simulated air combat missions. *J. Def. Manag.*, 6(144), 2167–0374.

Fleck, D.E., Ernest, N., Adler, C.M., Cohen, K., Eliassen, J.C., Norris, M., Komoroski, R.A., Chu, W.-J., Welge, J.A., Blom, T.J. *et al.* (2017). Prediction of lithium response in first-episode mania using the Lithium Intelligent Agent (LITHIA): Pilot data and proof-of-concept. *Bipolar Disorders*, 19(4), 259–272.

Scikit-fuzzy Team (2012). Scikit-fuzzy: A fuzzy logic package for Python. Available: https:// pythonhosted.org/scikit-fuzzy/ [Accessed: 11 July 2019].

Sathyan, A. (2017). Intelligent machine learning approaches for aerospace applications. PhD Thesis, University of Cincinnati.

Sathyan, A., Ernest, N.D., Lavigne, L., Cazaurang, F., Kumar, M., and Cohen, K. (2017). A genetic fuzzy logic based approach to solving the aircraft conflict resolution problem. *AIAA Information Systems-AIAA Infotech@ Aerospace*. 9–13 January 2017, Grapevine, USA.

第6章 基于故障诊断和容错控制的路径规划

César MARTÍNEZ TORRES, Loïc LAVIGNE, Franck CAZAURANG

本章介绍基于平坦度的容错控制方法。对于微分平坦系统，可以找到一组变量，称为平面输出，使得状态和控制输入可以表示为平面输出及其时间导数的函数。故障检测与隔离可使用简单的阈值方法实现，而残差信号是传感器的信号和通过微分平坦度获得的无故障信号的差值。关于重构，冗余状态信号可以用作控制器参考值，以隐藏故障影响。这将有助于提供完全基于平坦度的容错控制策略。

6.1 引言

在过去的十年中，无人机一直是发展最快的行业。因此，越来越多的无人机在空中飞行，发生事故的可能性也急剧增加。根据美国联邦航空管理局（FAA）的数据，仅在 2016 年最后三个月，美国的商业飞行员就发现了 399 架无人机。尽管绝大多数无人机所产生的风险不会比一只小鸟大，但其中一些可能会危害商用客机。由于它们通常在 400 英尺以下飞行，因此发生事故的主要风险与人员、树木、汽车等有关。要克服这些问题，实施的策略之一与无人机的控制器有关。实际上，如果系统本身能够检测内部参数的非期望偏差，则传感器或执行器可以触发警报，警告飞行员存在故障。此项操作称为故障检测与隔离（Fault Detection and Isolation，FDI）。但是，能否避免意外/事故与飞行员的经验直接相关。此外，可以使用重构控制器策略，将 FDI 块与控制重构阶段结合起来，自动完成纠正措施。这种组合结构被认为是容错控制（Fault-Tolerant Control，FTC）策略。

本章将介绍基于平坦度的容错控制策略。6.2 节介绍微分平坦度概念。6.3 节和 6.4 节分别介绍具有 X4 构造的四旋翼无人机的知名数学模型及其对应的平面模型。6.5

节对建议的方法进行了评估。6.6 节是本章的总结。

6.2　微分平坦度

平坦度理论试图确定是否可以使用某些函数把微分方程组参数化。最初的工作是由 Charlet 等(1991)完成的，用于航空领域。该理论在 P. Martin 的博士学位论文中得到了进一步发展(Martin，1992)。这项工作导致了 M. Fliess 等(1995)提出正式的平坦度概念。非线性和线性系统的微分平坦度都可以使用数学形式来描述，特别是微分代数或微分几何。

如果存在一组变量(微分独立)称为平面输出，其基数等于控制输入的数量，则非线性系统是平坦的。例如，向量状态和控制输入可以表示为平面输出及其有限数量的时间导数的函数。因此，仅规划平坦的输出轨迹就可以获得状态和控制输入轨迹。这一特性在路径规划(van Nieuwstadt 和 Murray，1998；Milam 等，2005；Louembet 等，2010；Louembet，2007)和轨迹跟踪(Antritter 等，2004；Stumper 等，2009)中尤其有用。平坦度可用于设计健壮的控制器(例如，参见 Cazaurang(1997)和 Lavigne(2003)的文章)。

让我们考虑非线性系统 $\dot{x}=f(x,u)$，其中 $x\in\Re^n$ 是状态向量，$u\in\Re^m$ 是控制向量，f 是 x 和 u 的 C^{∞} 函数。当且仅当系统出现平坦的输出向量 $z\in\Re^m$ 时，系统才是微分平坦的，例如：

- 平面输出向量表示为状态 x 和控制输入 u 及其有限数量的时间导数的函数：

$$z=\phi_z\left(x,u_1,u_2,\cdots,u_m,\dot{u}_1,\dot{u}_2,\cdots,\dot{u}_m,u_1^{(\gamma_1)},u_2^{(\gamma_2)},\cdots,u_m^{(\gamma_m)}\right) \qquad [6\text{-}1]$$

- 状态 x 和控制输入 u 表示为向量 z 和它们的有限时间导数的函数：

$$x=\phi_x\left(z,\dot{z},\cdots,z^{(a)}\right)$$

$$u=\phi_u\left(z,\dot{z},\cdots,z^{(b)}\right) \qquad [6\text{-}2]$$

其中，a 和 b 是整数向量内平面输出向量 z 相应分量的导数阶。

每个平坦系统通过微分同态和内生动态反馈等效于线性可控系统(Lévine，2009)，因此，每个可控线性系统都是平面的，反之亦然。此外，就可观察性而言，始终可以从平面输出中观察平坦系统。

6.3　四旋翼无人机模型

四旋翼无人机的操作非常简单。意向位置 $\xi=(x,y,z)$ 和方向 $\eta=(\psi,\theta,\phi)$ 可通过独立地改变四个旋翼的速度和转矩来实现，如图 6-1 所示。

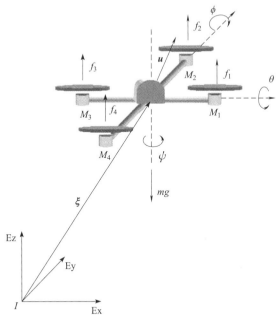

图 6-1 四旋翼无人机原理图(Castillo 等，2004)

垂直运动是通过增加每个旋翼产生的升力实现的；为了避免直升机垂直翻转，两个旋翼沿顺时针方向旋转(旋翼 2 和 4)，另外两个旋翼沿逆时针方向旋转(旋翼 1 和 3)。这种设置抵消了直升机的水平力矩，在悬停位置特别有用。俯仰力矩(θ)是通过改变旋翼 1 和 3 的转速来获得的。滚转力矩(ϕ)是通过改变旋翼 2 和 4 的转速来获得的。最后，偏航力矩(ψ)通过从顺时针方向(旋翼 2 和 4)减去逆时针方向(旋翼 1 和 3)的转矩来获得。

可以使用欧拉-拉格朗日运动方程获得无人机的非线性模型。拉格朗日量(L)定义为动能(T)和势能(U)的和：

$$L = T_T + T_R + U \tag{6-3}$$

其中 T_T 是平移动能，T_R 是旋转动能。

拉格朗日量定义如下(有关更多详细信息，请参见 Castillo 等(2004)的文章)：

$$L = \frac{m}{2}\dot{\boldsymbol{\xi}}^{\top}\dot{\boldsymbol{\xi}} + \frac{1}{2}\dot{\boldsymbol{\eta}}^{\top}\mathbb{J}\dot{\boldsymbol{\eta}} - mgz \tag{6-4}$$

它满足欧拉-拉格朗日方程：

$$\frac{\mathrm{d}}{\mathrm{d}t}\left(\frac{\partial L}{\partial \dot{q}}\right)-\left(\frac{\partial L}{\partial q}\right)=\boldsymbol{F}_L \qquad [6-5]$$

其中 $\boldsymbol{F}_L$ 是施加在飞机机身上的力（$f=\boldsymbol{R}\boldsymbol{F}_L$）和力矩（$\boldsymbol{\tau}$）。由于拉格朗日量不包含结合位置和方向的交叉项，因此欧拉-拉格朗日方程可以分别转换为 $\boldsymbol{\xi}$（平移）和 $\boldsymbol{\eta}$（旋转）坐标下的动力学方程。

此处，$\boldsymbol{R}$ 是旋转矩阵，表示飞机相对于固定惯性坐标的方向。$\boldsymbol{F}_L$ 的定义如下：

$$\boldsymbol{F}_L=\begin{bmatrix}0\\0\\u\end{bmatrix} \qquad [6-6]$$

$$\boldsymbol{u}=f_1+f_2+f_3+f_4 \qquad [6-7]$$

其中 $f_i(i=1,2,3,4)$ 是每个旋翼产生的力，$f_i=k_i\omega_i^2$。俯仰、偏航和滚转力矩的公式如下：

$$\boldsymbol{\tau}=\begin{bmatrix}\tau_\psi\\\tau_\theta\\\tau_\phi\end{bmatrix}=\begin{bmatrix}\sum_{i=1}^4\tau M_i\\(f_2-f_4)l\\(f_3-f_1)l\end{bmatrix} \qquad [6-8]$$

其中，l 是旋翼与重心之间的距离，τM_i 是电动机 i 产生的力矩。

最后，可以通过求解位置和方向上的欧拉-拉格朗日方程获得非线性模型。其位置方程为：

$$\frac{\mathrm{d}}{\mathrm{d}t}\left(\frac{\partial L_T}{\partial \dot{\boldsymbol{\xi}}}\right)-\frac{\partial L_T}{\partial \boldsymbol{\xi}}=f \qquad [6-9]$$

代入 L_T 的值并加上势能，因为它引起 z 轴方向的运动，我们得到：

$$\frac{\mathrm{d}}{\mathrm{d}t}\left(\frac{\partial \frac{m}{2}(\dot{x}^2+\dot{y}^2+\dot{z}^2)+mgz}{\partial \dot{\boldsymbol{\xi}}}\right)-\frac{\partial \frac{m}{2}(\dot{x}^2+\dot{y}^2+\dot{z}^2)+mgz}{\partial \boldsymbol{\xi}}=f \qquad [6-10]$$

通过计算导数，我们得到：

$$\frac{\mathrm{d}}{\mathrm{d}t}\left(\frac{m}{2}(2\dot{x}+2\dot{y}+2\dot{z})\right)+0-0-0-mg=f \qquad [6-11]$$

最后，通过计算时间导数并以向量形式重新排列，获得与位置坐标有关的方程。

$$f=\begin{bmatrix}m\ddot{x}\\m\ddot{y}\\m\ddot{z}-mg\end{bmatrix} \qquad [6-12]$$

对于方向坐标：

$$\frac{\mathrm{d}}{\mathrm{d}t}\left(\frac{\partial L_R}{\partial \dot{\boldsymbol{\eta}}}\right)-\frac{\partial L_R}{\partial \boldsymbol{\eta}} \qquad [6\text{-}13]$$

代入，即可得到：

$$\frac{\mathrm{d}}{\mathrm{d}t}\left(\frac{\partial\left(\frac{1}{2}\dot{\boldsymbol{\eta}}^{\mathrm{T}}\mathbb{J}\dot{\boldsymbol{\eta}}\right)}{\partial \dot{\boldsymbol{\eta}}}\right)-\frac{\partial\left(\frac{1}{2}\dot{\boldsymbol{\eta}}^{\mathrm{T}}\mathbb{J}\dot{\boldsymbol{\eta}}\right)}{\partial \boldsymbol{\eta}} \qquad [6\text{-}14]$$

计算导数：

$$\frac{\mathrm{d}}{\mathrm{d}t}\left(\frac{1}{2}\left(\frac{\partial\dot{\boldsymbol{\eta}}^{\mathrm{T}}}{\partial \dot{\boldsymbol{\eta}}}+0+\dot{\boldsymbol{\eta}}^{\mathrm{T}}\mathbb{J}\frac{\partial\dot{\boldsymbol{\eta}}}{\partial \dot{\boldsymbol{\eta}}}\right)\right)-\frac{1}{2}\left(0+\frac{\partial}{\partial \boldsymbol{\eta}}(\dot{\boldsymbol{\eta}}^{\mathrm{T}}\mathbb{J}\dot{\boldsymbol{\eta}}+0)\right)=\boldsymbol{\tau} \qquad [6\text{-}15]$$

计算时间导数：

$$\mathbb{J}\ddot{\boldsymbol{\eta}}+\dot{\mathbb{J}}\dot{\boldsymbol{\eta}}-\frac{1}{2}\left(\frac{\partial}{\partial \boldsymbol{\eta}}(\dot{\boldsymbol{\eta}}^{\mathrm{T}}\mathbb{J}\dot{\boldsymbol{\eta}})\right)=\boldsymbol{\tau} \qquad [6\text{-}16]$$

为了把上式写成一般形式 $\boldsymbol{M}(\boldsymbol{\eta})\ddot{\boldsymbol{\eta}}+\boldsymbol{C}(\boldsymbol{\eta},\dot{\boldsymbol{\eta}})\dot{\boldsymbol{\eta}}=\boldsymbol{\tau}$，我们将 $\dot{\boldsymbol{\eta}}$ 分解到右边，如下所示：

$$\mathbb{J}\ddot{\boldsymbol{\eta}}+\left(\dot{\mathbb{J}}-\frac{1}{2}\frac{\partial}{\partial \boldsymbol{\eta}}(\dot{\boldsymbol{\eta}}^{\mathrm{T}}\mathbb{J})\right)\dot{\boldsymbol{\eta}}=\boldsymbol{\tau} \qquad [6\text{-}17]$$

因此，我们可以定义科里奥利矩阵 $\boldsymbol{C}(\boldsymbol{\eta},\dot{\boldsymbol{\eta}})$ 和惯性矩阵，如下所示：

$$\boldsymbol{C}(\boldsymbol{\eta},\dot{\boldsymbol{\eta}})=\dot{\mathbb{J}}\dot{\boldsymbol{\eta}}-\frac{1}{2}\left(\frac{\partial}{\partial \boldsymbol{\eta}}(\dot{\boldsymbol{\eta}}^{\mathrm{T}}\mathbb{J}\dot{\boldsymbol{\eta}})\right) \qquad [6\text{-}18]$$

$$\boldsymbol{M}(\boldsymbol{\eta})=\mathbb{J}(\boldsymbol{\eta})=\boldsymbol{W}_{\eta}^{\mathrm{T}}\boldsymbol{I}\boldsymbol{W}_{\eta} \qquad [6\text{-}19]$$

最后，四旋翼无人机的非线性动力学模型是：

$$f=\begin{bmatrix}m\ddot{x}\\m\ddot{y}\\m\ddot{z}-mg\end{bmatrix} \qquad [6\text{-}20]$$

$$\boldsymbol{\tau}=\boldsymbol{M}(\boldsymbol{\eta})\ddot{\boldsymbol{\eta}}+\boldsymbol{C}(\boldsymbol{\eta},\dot{\boldsymbol{\eta}})\dot{\boldsymbol{\eta}} \qquad [6\text{-}21]$$

为了简化模型，我们将介绍 Castillo 等（2004）提出的输入变量的转换：

$$\widetilde{\boldsymbol{\tau}}=\begin{bmatrix}\widetilde{\tau_{\psi}}\\\widetilde{\tau_{\theta}}\\\widetilde{\tau_{\phi}}\end{bmatrix}=\boldsymbol{M}(\boldsymbol{\eta})^{-1}(\boldsymbol{\tau}-\boldsymbol{C}(\boldsymbol{\eta},\dot{\boldsymbol{\eta}})\dot{\boldsymbol{\eta}}) \qquad [6\text{-}22]$$

其中 $\widetilde{\boldsymbol{\tau}}=\ddot{\boldsymbol{\eta}}$ 是新的输入，经过这种转换，非线性模型变为：

$$\begin{aligned}
m\ddot{x}&=-u_1\sin\theta & \ddot{\psi}&=u_2\\
m\ddot{y}&=u_1\cos\theta\sin\phi & \ddot{\theta}&=u_3\\
m\ddot{z}&=u_1\cos\theta\cos\phi-mg & \ddot{\phi}&=u_4
\end{aligned} \qquad [6\text{-}23]$$

因此，非线性模型由 12 个状态组成，$\boldsymbol{X} = [x\ y\ z\ \dot{x}\ \dot{y}\ \dot{z}\ \psi\ \theta\ \varphi\ \dot{\psi}\ \dot{\theta}\ \dot{\varphi}]^{\mathrm{T}} = [x_1\ x_2\ x_3$

$x_4\ x_5\ x_6\ x_7\ x_8\ x_9\ x_{10}\ x_{11}\ x_{12}]^{\mathrm{T}}$，控制输入 $\boldsymbol{U} = [u_1\ \ddot{\psi}\ \ddot{\theta}\ \ddot{\varphi}]^{\mathrm{T}} = [u_1\ u_2\ u_3\ u_4]^{\mathrm{T}}$。

6.4 模型平坦度

平坦度方法的目的是将所有状态和所有控制输入明确表示为平面输出和有限数量的时间导数的函数。从式[6-24]中，我们可以选择平面输出为 $z = [x\ y\ z\ \psi]^{\mathrm{T}}$（Cowling 等，2007），因为有四个控制输入。可以将所有系统状态写为平面输出 z 及其时间导数的函数，如下所示：

$$
\begin{array}{ll}
x = z_1 & \dot{x} = \dot{z}_1 \\[4pt]
y = z_2 & \dot{y} = \dot{z}_2 \\[4pt]
z = z_3 & \dot{z} = \dot{z}_3 \\[4pt]
\psi = z_4 & \dot{\psi} = \dot{z}_4 \\[6pt]
\theta = a\sin\left(\dfrac{m\ddot{z}_1}{-u_1}\right) & \dot{\theta} = -m\left(\dfrac{z_1^{(3)}u_1 - u_1\ddot{z}_1^{2}}{u_1^{2}\sqrt{\alpha}}\right) \\[10pt]
\phi = a\tan\left(\dfrac{\ddot{z}_2}{\ddot{z}_3 + g}\right) & \dot{\phi} = \dfrac{z_2^{(3)}(\ddot{z}_3 + g) - z_3^{(3)}\ddot{z}_2}{(\ddot{z}_3 + g)^2 + \ddot{z}_2^{2}}
\end{array}
\qquad [6\text{-}24]
$$

类似地，将控制输入表示为平面输出及其时间导数的函数：

$$
u_1 = m\sqrt{((\ddot{z}_1)^2 + (\ddot{z}_2)^2 + (\ddot{z}_3 + g)^2)}
$$

$$
u_2 = \ddot{z}_4
\qquad [6\text{-}25]
$$

$$
u_3 = -m\left[\dfrac{\left((z_1^{(4)}u_1 - \ddot{u}_1\ddot{z}_1)u_1^2\sqrt{A}\right) - (z_1^{(3)}u_1 - \ddot{u}_1\ddot{z}_1)(C) + 2u_1\dot{u}_1\sqrt{A}}{u_1^4 A}\right]
$$

$$
u_4 = \dfrac{(z_2^{(4)}(\ddot{z}_3 + g) + z_2^{(3)}z_3^{(3)} - z_3^{(4)}\ddot{z}_2 - z_3^{(3)}z_2^{(3)})(z_2^{(3)}(\ddot{z}_3 + g) - z^{(3)}\ddot{z}_2) - B}{(\ddot{z}_3 + g)^4 + (\ddot{z}_2)^4}
$$

其中：

$$
A = 1 - \left(\dfrac{m\ddot{z}_1}{u_1}\right)^2
\qquad [6\text{-}26]
$$

$$
B = (2(\ddot{z}_3 + g)z_3^{(3)} + 2\ddot{z}_2 z_2^{(3)})(z_2^{(3)}(\ddot{z}_3 + g) - z_3^{(3)}\ddot{z}_2)
\qquad [6\text{-}27]
$$

$$
C = \dfrac{-2m\ddot{z}_1(mz_1^{(3)}u_1 - \dot{u}_1 m\ddot{z}_1)}{u_1\sqrt{\alpha}}
\qquad [6\text{-}28]
$$

$$\alpha = 1 - \left(\frac{m\ddot{z}_1}{u_1}\right) \qquad [6\text{-}29]$$

6.5　基于平坦度的四旋翼无人机容错控制

本节重点介绍控制重构。这项技术的主要特征是在设计阶段就使标称控制器保持综合状态。这个特性可以减少对故障的响应时间。该方法的主要特点是 FDI 和重构阶段都合并到同一模块，此项功能将减少故障发生后的时间响应，并可以减少处理器的计算负荷。其目标是通过将有故障的参考值更改为无故障值来隐藏控制器的故障。重构框图如图 6-2 所示。

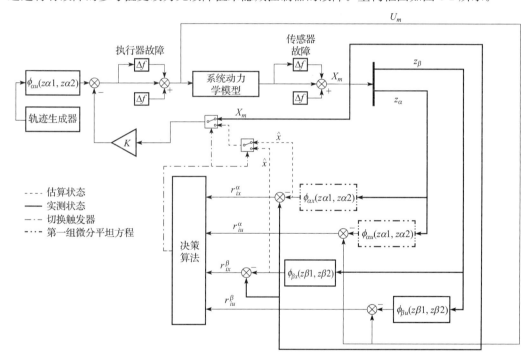

图 6-2　重构框图

对于 X4，只能计算一组平面输出，因此不再需要完全重构。有兴趣的读者可以在 Martínez Torres(2014)的文章中找到更多详细信息。如果只有一组平面输出，我们将集中讨论部分重构，它也可以实现此目的。为了阐明这个方法，假设非线性系统由四个状态 $[x_1\ x_2\ x_3\ x_4]^{\mathrm{T}} \in \Re^n$ 和两个控制输入 $[u_1\ u_2]^{\mathrm{T}} \in \Re^m$ 组成，如上所述，控制输入的数量等于平面输出的数量。结果 $[z] \in \Re^m$，由于只有一组平面输出可用，因此可以按以下方式计算残差信号：

$$
\begin{bmatrix} r_{1x}^\alpha \\ r_{2x}^\alpha \\ r_{1u}^\alpha \\ r_{2u}^\alpha \end{bmatrix} = \begin{bmatrix} x_{m3} \\ x_{m4} \\ u_{m1} \\ u_{m2} \end{bmatrix} - \begin{bmatrix} \phi_{ax}(z_{a1},\ \dot{z}_{a1},\ z_{a2},\ \dot{z}_{a2})\,(e_3)^{\mathrm{T}} \\ \phi_{ax}(z_{a1},\ \dot{z}_{a1},\ z_{a2},\ \dot{z}_{a2})\,(e_4)^{\mathrm{T}} \\ \phi_{au}(z_{a1},\ \dot{z}_{a1},\ z_{a2},\ \dot{z}_{a2})\,(c_1)^{\mathrm{T}} \\ \phi_{au}(z_{a1},\ \dot{z}_{a1},\ z_{a2},\ \dot{z}_{a2})\,(c_2)^{\mathrm{T}} \end{bmatrix} \qquad [6\text{-}30]
$$

其中 $e_a \in \Re^n$，$\forall a \neq k\ e_a = \mathbf{0}, e_a = \mathbf{1} \Leftrightarrow a = k\,(a = [1,2,\cdots,n])$ 且 $c_b \in \Re^m$，$\forall b \neq l\ c_b = \mathbf{0}$，$c_b = \mathbf{1} \Leftrightarrow b = l\,(b = [1,2,\cdots,m])$。

该假设表明：

- 残差的最大数目为四个
- 不影响平面输出的传感器故障可以根据系统进行隔离
- 平面输出传感器故障可以检测到，但不能将其隔离

仔细观察式[6.30]可以清楚地看到，如果故障影响 x_{m3} 的状态测量，则残差 r_{1x}^α 将受到影响。其余的残差不与该测量关联，因此它们不会受到该故障的影响。可以以相同的方式处理影响其他状态测量或执行器的故障。

当故障影响平面输出之一时，所有残差都会受到影响。因此可以检测到故障，但无法将其隔离。故障特征如表 6-1 所示。

表 6-1 n 项残差的故障信号

故障	r_{1x}^α	r_{2x}^α	r_{1u}^α	r_{2u}^α
F_{x1}	1	1	1	1
F_{x2}	1	1	1	1
F_{x3}	1	0	0	0
F_{x4}	0	1	0	0
F_{u1}	0	0	1	0
F_{u2}	0	0	0	1

如表 6-1 所示，影响平面输出的故障无法隔离，但是影响测量传感器的故障可以检测并隔离。由于平坦系统的特性，在任何给定时间都将平面输出视为无故障，因此可以计算其余的系统状态，然后这些信号可以用于重构系统。

根据经验，可以使用以下公式获得可重构的故障数：

$$
N_{\mathrm{FLAR}} = (\mathrm{FOS})(n-m) \qquad [6\text{-}31]
$$

其中 FOS 是平面输出的组数，n 是状态向量的维数，m 是控制输入的个数。例如，冗余信号的数量为 $(1) \times (4-2) = 2$，这实际上是两个状态 x_3 和 x_4，它们不是平面输出。

对于这项工作，还考虑了影响传感器和控制输入（执行器的组合，请参见式[6-8]）的加性故障。对于测量 $x_{m5}(\theta)$ 和 $x_{m6}(\phi)$ 的传感器，要考虑不同的故障幅度，如表 6-2 所示。幅度决定容错控制策略，用于抵消故障。对于测量平面输出 z_1、z_2 和 z_3 的传感器，应考虑 1m 的加性故障。对于平面输出 z_4，应加 1°。以上情况仅考虑了单个故障。故障后的重构仅用于测量传感器。一旦出现故障（50s），该故障就会反复发生，直到仿真结束为止，因为 FTC 策略需要识别故障的幅度才能决定使用哪种策略。为了简单起见，这项工作中的故障幅度应该是完全已知的。因此，策略的选择很简单。

表 6-2　无人机的加性故障

故障	幅度	策略	幅度	策略	幅度	策略
F_{x5}	$<1.8°$	P[1]	$>1.8°<4.6°$	Rf[1]	$>4.6°$	Re[1][2]
F_{x6}	$<1.8°$	P	$>1.8°<3.9°$	Rf	$>3.9°$	Re

① P＝被动；Rf＝重构；Re＝调整。
② 这种方法超出了这项工作的范围。

通过简单比较残差幅度与固定检测阈值即可实现故障检测。

检测阈值的幅度是通过在系统中执行一系列无故障仿真来确定的，包括三个不同的模拟：第一个模拟分别以相同的百分比向上和向下单独更改每个参数，后两个模拟更改所有参数，增加或减少的百分比与前一个模拟相同。

最后，检测阈值的幅度是选择所有模拟结果中最坏的情况来计算的，还要加上安全裕量。添加此裕量是为了避免测量噪声或建模错误引起的误报警。

直升机的质量（m）是可以更改的参数，标称值为 0.52kg。负责闭环的控制器是 LQR。矩阵 $\boldsymbol{Q}$ 和 $\boldsymbol{R}$ 的选择要服从致动器的功率范围。标称轨迹是使用五阶多项式创建的。信号中添加了白噪声，以模拟实际飞行情况。高增益观测器用于计算时间导数。低通滤波器与观测器耦合。需要详细研究滤波器引起的时延和截止频率，考虑一个较好的折中。很高的截止频率不能适当降低噪声的幅度。相反，滤波器的频率越高，引起的时间延迟就越重要。此项延迟可能会导致无法使用重构方法，因为如果估计的信号与测量的信号不同相，则参考值之间的变化可能会导致系统不稳定。

6.5.1　故障检测与隔离

对于此特定系统，它仅有一组平面输出。因此，有 $n=12$ 个残差，这实际上是状态的数量。为简单起见，假设三个位置状态和三个方向状态 $x_7 \sim x_{12}$ 的时间导数在任何给定时间都是无故障的。该假设仅产生六个残差，在公式[6-32]中表示：

$$
\begin{bmatrix} r_{1x} \\ r_{2x} \\ r_{1u} \\ r_{2u} \\ r_{3u} \\ r_{4u} \end{bmatrix} = \begin{bmatrix} x_{m5} \\ x_{m6} \\ u_{m1} \\ u_{m2} \\ u_{m3} \\ u_{m4} \end{bmatrix} - \begin{bmatrix} \phi_x(z,\dot{z},\cdots,z^{(a)}) & [\,0_{(4)}\ 1\ 0_{(7)}\,]^{\mathrm{T}} \\ \phi_x(z,\dot{z},\cdots,z^{(a)}) & [\,0_{(5)}\ 1\ 0_{(6)}\,]^{\mathrm{T}} \\ \phi_u(z,\dot{z},\cdots,z^{(b)}) & [\,1\ 0\ 0\ 0\,]^{\mathrm{T}} \\ \phi_u(z,\dot{z},\cdots,z^{(b)}) & [\,0\ 1\ 0\ 0\,]^{\mathrm{T}} \\ \phi_u(z,\dot{z},\cdots,z^{(b)}) & [\,0\ 0\ 1\ 0\,]^{\mathrm{T}} \\ \phi_u(z,\dot{z},\cdots,z^{(b)}) & [\,0\ 0\ 0\ 1\,]^{\mathrm{T}} \end{bmatrix} \qquad [6\text{-}32]
$$

对于影响测量传感器的故障，考虑了两个不同的框架，如表 6-2 所示。但是，对于故障检测与隔离（FDI），故障幅度不是关键参数，因为故障信号是相同的，而与幅度大小无关。将所有残差归一化，取值在 -1 和 $+1$ 之间，其边界值代表无故障阈值的最小和最大幅度。

现在，我们将分析每个单体故障。影响位移 x 测量的故障本来应该影响六个残差中的每一个残差，因为它是平面输出。但是，系统本身是解耦合的。因此，实际仅影响依赖 x_{m1} 测量的残差，分别为式[6-24]和式[6-25]以及图 6-3 中所示的 r_{1x}、r_{1u} 和 r_{3u}。这个现象是由无人机的飞行所致，由于四个旋翼的轴固定在主机架上（即它们不能倾斜），因此只能通过倾斜整个框架使飞机运动来获得水平位移。结果，直接依赖于 θ 的残差受到影响。残差 r_{1u} 也受到影响，因为它依赖于 x 的时间导数。

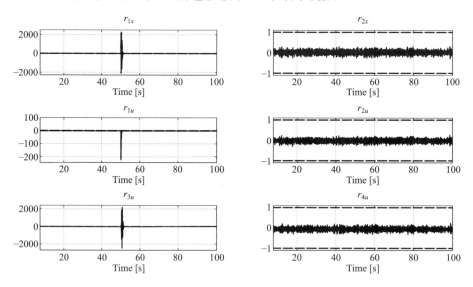

图 6-3　加性故障测量值 x_1 的归一化残差

图 6-4 显示了传感器 y 发生故障后获得的残差。这次，故障影响了与 ϕ 有关的残差（r_{2x} 和 r_{4u}）。原因是它与 x 轴上存在相同的情况。残差 r_{1u} 再次受到影响，因为它依赖这个故障测量。

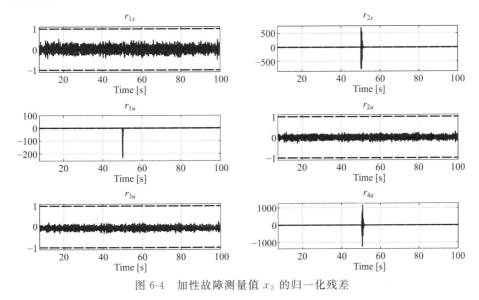

图 6-4 加性故障测量值 x_2 的归一化残差

影响高度测量值（z）的故障将影响六个残差中的五个，因为它直接或间接存在于用于估计状态和控制输入的公式中（请参见式[6-24]和式[6-25]）。不受影响的残差应该仅取决于飞机的偏航（ψ）运动。因此，残差 r_{4u} 不受该故障影响（如图 6-5 所示）。

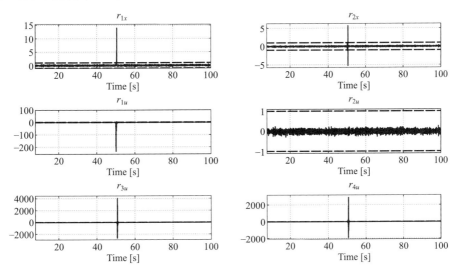

图 6-5 加性故障测量值 x_3 的归一化残差

　　最后，图 6-6 给出了影响测量偏航角的传感器的故障残差。残差 r_{4u} 与该测量直接相关，因此被触发。

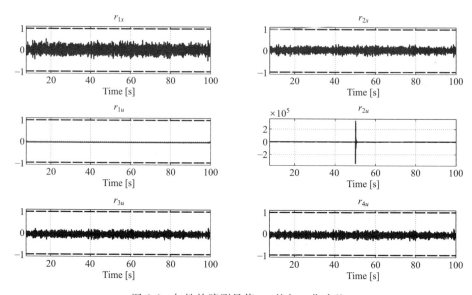

图 6-6　加性故障测量值 x_4 的归一化残差

　　影响俯仰角 x_{m5} 的故障将触发依赖 θ 的所有残差，这样的残差是 r_{1x} 和 r_{2u}。但是，即使残差 r_{1u} 被间接影响（通过 x 位移），幅度变化也不足以超过阈值，如图 6-7 所示。

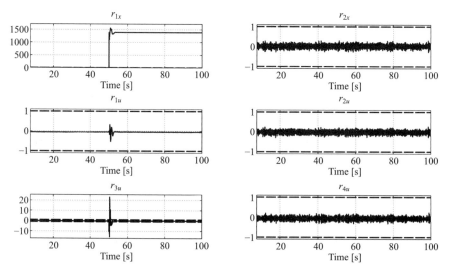

图 6-7　加性故障测量值 x_5 的归一化残差

滚转角 x_{m6} 非常相似，但是不同之处在于残差 r_{1u} 受 y 位移的影响，如图 6-8 所示。残差矩阵如表 6-3 所示。

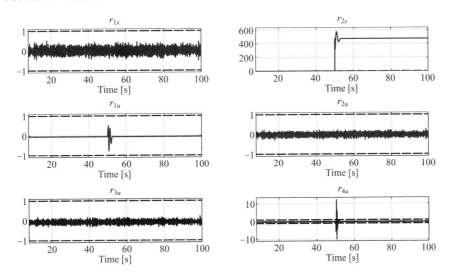

图 6-8　加性故障测量值 x_6 的归一化残差

表 6-3　四旋翼无人机的残差矩阵

故障	r_{1x}	r_{2x}	r_{1u}	r_{2u}	r_{3u}	r_{4u}
F_{x1}	1	0	1	0	1	0
F_{x2}	0	1	1	0	0	1
F_{x3}	1	1	1	0	1	1
F_{x4}	0	0	0	1	0	0
F_{x5}	1	0	0[1]	0	1	0
F_{x6}	0	1	0[1]	0	0	1
F_{u1}	0	0	1	0	0	0

[1] 残差受到影响，但幅度不足以超过阈值。

对于控制输入故障，故障幅度等于标称轨迹最大值的 20%，如表 6-2 所示。影响控制输入 u_1 的故障可以被检测到并隔离，如图 6-9 所示。但是，接下来的三个控制输入中的故障被噪声掩盖了。如果幅度增加，此类故障则可以被检测到并隔离。然而，即使飞机完全超幅度运动(位移超过 100m)，控制输入的最大振幅也只有 0.02。因此，一个巨大的故障(例如等于 1)是完全不现实的，不考虑此类故障。

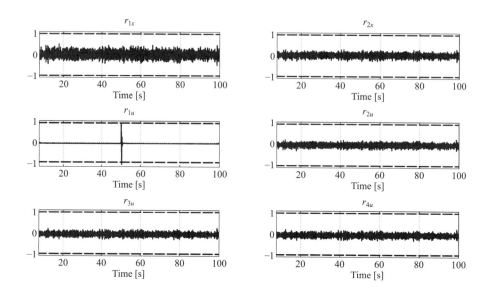

图 6-9   加性故障测量值 u_1 的归一化残差

6.5.2   控制重构

在本节中，仅考虑传感器 x_{m5} 和 x_{m6} 的故障。可用的冗余信号数为 $(1) \times (12-4) =$ 8，如公式[6-31]所示。该数目减少为两个，因为与 FDI 阶段一样，状态 $x_7 \sim x_{12}$ 在任何时候都视为无故障，因此不需要重构。

重构方法的目的是向控制器隐藏故障。这是通过使用微分平坦公式[6-24]计算无故障参考值来实现的。更改控制器参考值的策略是简单地在来自传感器的信号和通过公式[6-24]计算的信号之间切换。这项工作未考虑由于开关效应而可能引起的不稳定性。

图 6-10 和图 6-11 显示的是影响 θ 和 ϕ 测量传感器的故障发生后使用三种不同的方法之间的对比，即 FTC 被动方法（黑色—）、FTC 主动方法（蓝色—·—）和标称控制（绿色———）。被动情况下，开关未激活。来自传感器的信号保持不变，故障被控制器拒绝。但是，如果幅度故障超出了被动方法的极限，则会触发开关，然后按照微分平坦系统方程计算出的估计值来改变来自测量传感器的信号。此操作会导致控制回路的重构，如图 6-10 和图 6-11 所示。

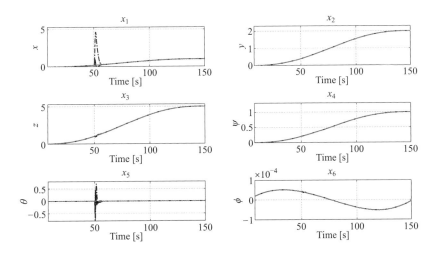

图 6-10　故障 x_5 发生后的重构：被动方法（黑色——），主动方法（蓝色—·—），
标称控制（绿色————）（彩色版本见 www.iste.co.uk/cazaurang/mul-
tirotor.zip）

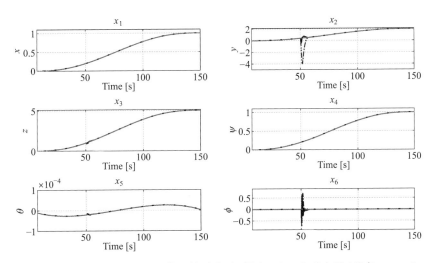

图 6-11　故障 x_6 发生后的重构：被动方法（黑色——），主动方法（蓝色—·—），
标称控制（绿色————）（彩色版本见 www.iste.co.uk/cazaurang/mul-
tirotor.zip）

可以将图 6-10 和图 6-11 中方法的有效性与图 6-12 和图 6-13 进行比较。可以很容易
地观察到，如果不重构控制，系统将很快变得不稳定。在后两个图中，偏航（ψ）均未改
变。这种现象可以解释为该角度与俯仰角和滚转角之间的物理解耦。

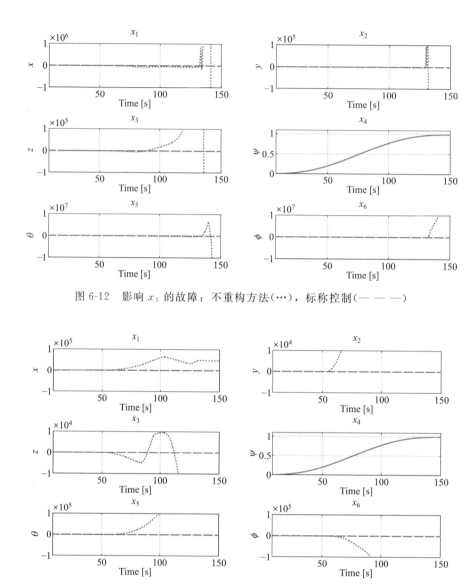

图 6-12   影响 x_5 的故障：不重构方法(···)，标称控制(———)

图 6-13 x_6 故障：不重构方法(···)，标称控制(———)

6.6   结论

本章介绍了一种基于平坦度的容错控制方法，它可以应用于非线性和线性系统。

在四旋翼无人机应用中验证了它的实际适用性。对于非线性系统，只能找到一组平面输出。但是，由于该系统具有内部去耦合的实际情况，因此可以检测和隔离每个传感器故障。此外，由于平坦系统的固有特性，可以提供系统状态的无故障参考值。此类信号可用于更改控制器参考值。这一项操作将故障隐藏，不传给控制器，因此系统不受故障影响。有兴趣的读者可以在 Martínez Torres(2014)和 Martínez Torres 等(2013)的文章中找到两组平面输出的情况下此技术应用的更多信息。

这种技术似乎可以有效地抵消仿真中的故障影响，但是该方法也有一些局限性。平面输出必须为系统状态，否则它们的线性组合可能会降低这种技术的适用性。另一个要点是由于该技术基于平坦度，因此有必要计算含噪信号的时间导数，当时间导数按顺序排列时，计算可能会非常困难(Martínez Torres 等，2013)。

6.7　参考文献

Antritter, F., Müller, B., and Deutscher, J. (2004). Tracking control for nonlinear flat systems by linear dynamic output feedback. *Proceedings of the 6th IFAC Symposium on Nonlinear Control systems*, Stuttgart, Germany.

Castillo, P., Dzul, A., and Lozano, R. (2004). Real-time stabilization and tracking of a four-rotor mini rotorcraft. *IEEE Transactions on Control Systems Technology*, 12(4), 510–516.

Cazaurang, F. (1997). Commande robuste des systèmes plats : Application à la commande d'une machine synchrone. PhD Thesis, University of Bordeaux 1, France.

Charlet, B., Lévine, J., and Marino, R. (1991). Sufficient conditions for dynamic state feedback linearization. *Journal on Control and Optimization*, 29(1), 38–57.

Cowling, I.D., Yakimenko, O.A., Whidborne, J.F., and Cooke, A.K. (2007). A prototype of an autonomous controller for a quadrotor UAV. *European Control Conference*, Kos, Greece, 1–8.

Fliess, M., Lévine, J., Martin, P., and Rouchon, P. (1995). Flatness and defect of non-linear systems: Introductory theory and examples. *International Journal of Control*, 61(6), 1327–1361.

Lavigne, L. (2003). Outils d'analyse et de synthèse des lois de commande robuste des systèmes dynamiques plats. PhD Thesis, University of Bordeaux 1, France.

Lévine, J. (2009). *Analysis and Control of Nonlinear Systems*. Springer, London, UK.

Louembet, C. (2007). Génération de trajectoires optimales pour systèmes différentiellement plats : Application aux manoeuvres d'attitude sur orbite. PhD Thesis, University of Bordeaux 1, France.

Louembet, C., Cazaurang, F., and Zolghadri, A. (2010). Motion planning for flat systems using positive b-splines: An lMI approach. *Automatica*, 46(8), 1305–1309.

Martin, P. (1992). Contribution à l'étude des systèmes différentiellement plats. PhD Thesis, Mines ParisTech, France.

Martínez Torres, C. (2014). Fault tolerant control by flatness approach. PhD Thesis, University of Bordeaux 1, France and Autonomous University of Nuevo León Mexico.

Martínez Torres, C., Lavigne, L., Cazaurang, F., Alcorta Garcia, E., and Diaz, D. (2013). Control reconfiguration for differentially flat systems. *Congreso Nacional de Control Automático (AMCA)*, Ensenada, Mexico.

Milam, M.B., Franz, R., Hauser, J.E., and Murray, R.M. (2005). Receding horizon control of vectored thrust flight experiment. *IEE Proceedings of Control Theory and Applications*, 152(3), 340–348.

Stumper, J.-F., Svaricek, F., and Kennel, R. (2009). Trajectory tracking control with flat inputs and a dynamic compensator. *Proceedings of the European Control Conference*, Budapest, Hungary, 248–253.

van Nieuwstadt, M.J., and Murray, R.M. (1998). Real-time trajectory generation for differentially flat systems. *International Journal of Robust and Nonlinear Control*, 8(11), 995–1020.

第7章 基于 LQR 控制器的四旋翼无人机系统动力学辨识和基于频率扫描的模型验证

Zachary CARLTON，Wei WEI，Kelly COHEN

代替基于物理学的传统系统辨识方法的途径是直接求解系统的 **A** 和 **B** 矩阵。使用这种方法，需要触发系统的所有模式，通过收集系统的输入和输出数据以达到系统辨识的目的。频域中提取的模型利用不同的飞行数据就可以在时域中进行验证。提取的模型可以当作真实系统的一次谐波频率响应，而不是线性化的模型。Mark Tischler(2012)在他的 *Aircraft and Rotorcraft System Identification* 一书中对 CIFER 软件的使用方法和若干实际应用案例做了深入的解释。书中有这样一个例子，使用 CIFER 软件提取和验证四旋翼无人机的模型，并使用 LQR(线性二次调节器)方法优化了飞行控制器。Rinaldi 等(2013)和 Balas(2007)也在四旋翼无人机上使用熟悉的 Riccati 方程成功实现了 LQR 控制器。参数化的四旋翼无人机的状态空间模型将会逐渐地辨识、验证。因此，有必要根据飞机布局和飞行条件，通过有效的假设来确定系统的 **A** 矩阵。四旋翼无人机具有体积小、构造特殊的特点，可以被当作运动中的刚体来分析。出于相同的考虑，旋翼的陀螺效应也会被忽略。所有的实验飞行都在室内足够高度上进行，因此可以忽略风和地面效应这一类的干扰。

7.1 配置

如图 7-1 所示，四旋翼无人机的配置为六自由度类型。机体的 X 轴和 Y 轴相对旋翼支臂偏转 45 度。图 7-1 的左上和右下旋翼顺时针旋转，而右上和左下旋翼逆时针旋转，以保持转矩平衡。在四旋翼无人机的俯视图上，X 轴正向指向机身前方，Y 轴正向指向机身右方，Z 轴正向指向机身平面内部。欧拉角 φ 是绕 X 轴的滚转角，约定朝着 X 轴正向看时以顺时针旋转为正。欧拉角 θ 是绕 Y 轴旋转产生的俯仰角，朝着 Y 轴正向看时，飞机顺时针旋转或机头朝向向上变化代表俯仰角为正。最后，偏航角 ψ 是绕 Z 轴旋转产生的欧拉角，水平飞行时 Z 轴的正向指向地面。朝着 Z 轴正向看时，飞机绕 Z 轴顺时针旋转时 ψ 为正值。

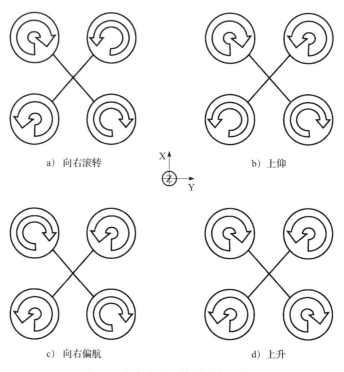

图 7-1　六自由度四旋翼无人机定义

P、Q 和 R 分别表示关于 X（滚转）、Y（俯仰）和 Z（偏航）的机体角速度。线速度 U、V、W 分别表示在 X、Y 和 Z 轴上的机体线速度。

7.2　规定和假设

前面所述的约定阐明了机体坐标系。同时，也使用另一种坐标系 NED(North-East-Down frame，北东地坐标)。当 NED 坐标与机体坐标关联时，X 为北，Y 为东，向下为 Z。欧拉角表示各坐标系相对于参考轴的转动角度。这是有效的约定，因为指定的飞行条件是悬停的，最大倾斜角为 45 度。我们不会处理可能产生任何奇点的情况，如万向节锁。欧拉角与 NED 坐标结构 φ、θ 和 ψ 之间的旋转矩阵分别如图 7-2、图 7-3 和图 7-4 所示。

$$\boldsymbol{R}_{\varphi} = \begin{bmatrix} 1 & 0 & 0 \\ 0 & \cos(\varphi) & \sin(\varphi) \\ 0 & -\sin(\varphi) & \cos(\varphi) \end{bmatrix}$$

图 7-2　滚转角旋转矩阵

$$\boldsymbol{R}_{\theta} = \begin{bmatrix} \cos(\theta) & 0 & -\sin(\theta) \\ 0 & 1 & 0 \\ \sin(\theta) & 0 & \cos(\theta) \end{bmatrix}$$

图 7-3　俯仰角旋转矩阵

$$\boldsymbol{R}_{\psi} = \begin{bmatrix} \cos(\psi) & \sin(\psi) & 0 \\ -\sin(\psi) & \cos(\psi) & 0 \\ 0 & 0 & 1 \end{bmatrix}$$

图 7-4　偏航角旋转矩阵

按照我们的约定，观察旋转序列 φ、θ 和 ψ，按顺序乘以旋转角度即获得从机体坐标到 NED 坐标结构的转换旋转矩阵（请参见图 7-5）。

$$\begin{bmatrix} \cos(\psi)*\cos(\theta) & \cos(\theta)*\sin(\psi) & -\sin(\theta) \\ \cos(\psi)*\sin(\varphi)*\sin(\theta)-\cos(\varphi)*\sin(\psi) & \cos(\varphi)*\cos(\psi)+\sin(\varphi)*\sin(\psi)*\sin(\theta) & \cos(\theta)*\sin(\varphi) \\ \sin(\varphi)*\sin(\psi)+\cos(\varphi)*\cos(\psi)*\sin(\theta) & \cos(\varphi)*\sin(\psi)*\sin(\theta)-\cos(\psi)*\sin(\varphi) & \cos(\varphi)*\cos(\theta) \end{bmatrix}$$

图 7-5　机体-NED（地面）坐标系转换旋转矩阵

NED 坐标结构体系中的重力始终指向正下方，可以表示如下：

$$\begin{bmatrix} 0 \\ 0 \\ g \end{bmatrix} \tag{7-1}$$

将重力在机体坐标系内进行分解得到：

$$\begin{bmatrix} -g\sin(\theta) \\ g\cos(\theta)\sin(\varphi) \\ g\cos(\varphi)\cos(\theta) \end{bmatrix} \tag{7-2}$$

描述刚体运动的九个微分方程依照惯例给出如下：

$$\frac{X(t)}{m} - g\sin\theta(t) = \dot{U}(t) + Q(t)W(t) - R(t)V(t) \qquad [7\text{-}3]$$

$$\frac{Y(t)}{m} - g\cos\theta(t)\sin\phi(t) = \dot{V}(t) + R(t)U(t) - P(t)W(t) \qquad [7\text{-}4]$$

$$\frac{Z(t)}{m} - g\cos\theta(t)\cos\phi(t) = \dot{W}(t) + P(t)V(t) - Q(t)U(t) \qquad [7\text{-}5]$$

$$\begin{cases} I_x\dot{P} + (I_z - I_y)QR = L(t) \\ I_y\dot{Q} + (I_x - I_z)PR = M(t) \\ I_z\dot{R} + (I_y - I_x)PQ = N(t) \end{cases} \qquad [7\text{-}6]$$

$$\begin{bmatrix} \dot{\varphi} \\ \dot{\theta} \\ \dot{\psi} \end{bmatrix} = \begin{bmatrix} 1 & \sin\varphi\tan\theta & \cos\varphi\tan\theta \\ 0 & \cos\varphi & -\sin\varphi \\ 0 & \sin\varphi\sec\theta & \cos\varphi\sec\theta \end{bmatrix} \begin{bmatrix} P \\ Q \\ R \end{bmatrix} \qquad [7\text{-}7]$$

四旋翼无人机的执行器（以及除重力之外唯一考虑的外力和力矩）是由四个电动机驱动的四个旋翼。每个旋翼产生力和转矩，转轴相对于机体坐标系是固定的。假定该力等于由叶片转动产生的升力，并表示为 T。每个旋翼产生的转矩记为 Q：

$$T = C_l\rho\pi R^4\Omega^2 \qquad [7\text{-}8]$$

$$Q = C_d\rho\pi R^5\Omega^2 \qquad [7\text{-}9]$$

将所有常数合为一个变量，执行器的转矩和推力公式分别简化为公式[7-10]和公式[7-11]。

$$T = C_t\Omega^2 \qquad [7\text{-}10]$$

$$Q = C_q\Omega^2 \qquad [7\text{-}11]$$

C_t 和 C_q 分别是转矩系数和推力系数。致动器施加在无人机上的力矩和力可以用它们各自的控制轴表示。公式[7-12]显示的是旋翼合力影响悬停时的升沉轴。公式[7-13]和公式[7-14]显示了俯仰力矩和滚转力矩，其中 l 是相应轴的力矩臂（即从旋翼的指向力到机身重心的距离）。最后，公式[7-15]显示的是由四个旋翼的扭矩不平衡产生的绕偏航轴或方向轴的力矩：

$$\delta_{\text{thr}} = C_t(\Omega_1^2 + \Omega_2^2 + \Omega_3^2 + \Omega_4^2) \qquad [7\text{-}12]$$

$$\delta_{\text{lat}} = C_t l(\Omega_1^2 - \Omega_2^2 + \Omega_3^2 - \Omega_4^2) \qquad [7\text{-}13]$$

$$\delta_{\text{lon}} = C_t l(-\Omega_1^2 + \Omega_2^2 - \Omega_3^2 + \Omega_4^2) \qquad [7\text{-}14]$$

$$\delta_{\text{dir}} = C_q(-\Omega_1^2 + \Omega_2^2 - \Omega_3^2 + \Omega_4^2) \qquad [7\text{-}15]$$

δ_{thr}是飞机升沉方向上的力矩，力的正方向指向图 7-1d 所示的 z 轴的负半轴。δ_{dir}是方向轴力矩，朝着 z 轴的正半轴方向看去，x-y 平面内正向的力矩将使飞机绕着 z 轴顺时针旋转，如图 7-1c 所示。δ_{lat}是横向轴力矩，其正值使机身向右滚转，如图 7-1a 所示。最后，δ_{lon}是纵轴力矩，其正值使四旋翼无人机的机头上仰，如图 7-1b 所示。

7.3 状态空间表示

为了建立状态空间的表达形式，我们首先需要把标称飞行条件下的非线性方程线性化。对于悬停飞行，P、Q、R、U、V 和 W 均为零。进而，假定微小角度的正弦等于该角度，则该角度的余弦等于 1。把标称条件下的线性方程按照泰勒级数展开所有项，并在求解标称方程时抵消标称项，因此我们就扬弃了标称条件，得到线性摄动。直接从非线性方程[7-3]～[7-7]推导，运动的线性状态方程在式[7-16]中给出：

$$\begin{cases} m\,\Delta\dot{u} = \Delta X - mg\,(\Delta\theta) \\ m\,\Delta\dot{v} = \Delta Y + mg\,(\Delta\theta) \\ m\,\Delta\dot{w} = \Delta Z + mg \\ I_{xx}\,\Delta\dot{p} = \Delta L \\ I_{yy}\,\Delta\dot{q} = \Delta M \\ I_{zz}\,\Delta\dot{r} = \Delta N \\ \Delta p = \Delta\dot{\phi} \\ \Delta q = \Delta\dot{\theta} \\ \Delta r = \Delta\dot{\varphi} \end{cases} \qquad [7\text{-}16]$$

注意系数约定，其中惯性坐标下的质量或力矩等项被吸收到系数中。公式[7-17]和公式[7-18]中给出了示例。

$$X_u = \frac{1}{m}\frac{\partial X}{\partial u} \qquad [7\text{-}17]$$

$$L_p = \frac{1}{I_{xx}}\frac{\partial L}{\partial p} \qquad [7\text{-}18]$$

我们假设执行器响应仅影响它们各自的控制轴。该假设是有效的，因为参数提取的频率响应方法使用了 CIFER 软件内置程序。基于此假设，我们扩展了平面内旋转和平移运动的力矩和力系数，这些力矩和力系数与左右对称、前后对称和上下对称四旋翼无人机相一致。其结果如公式[7-19]所示。

$$\begin{cases} \Delta\dot{U}=X_u\Delta u+X_q\Delta q+X_{\delta_{lon}}\delta_{lon}-g(\Delta\theta) \\ \Delta\dot{V}=Y_v\Delta v+Y_p\Delta p+Y_{\delta_{lat}}\delta_{lat}+g(\Delta\phi) \\ \Delta\dot{W}=Z_w\Delta w+Z_{\delta_{thr}}\delta_{thr}+g \\ \Delta\dot{L}=L_v\Delta v+L_p\Delta p+L_{\delta_{lat}}\delta_{lat} \\ \Delta\dot{M}=M_u\Delta u+M_q\Delta q+M_{\delta_{lon}}\delta_{lon} \\ \Delta\dot{N}=N_r\Delta r+N_{\delta_{dir}}\delta_{dir} \\ \Delta p=\Delta\dot{\phi} \\ \Delta q=\Delta\dot{\theta} \\ \Delta r=\Delta\dot{\varphi} \end{cases} \qquad [7\text{-}19]$$

状态–空间形式的线性化公式由公式[7-20]和公式[7-21]表示。MC_{thr} 是油门或升沉轴控制器指令，MC_{lat} 是横轴控制器指令，MC_{lon} 是纵轴控制器指令，MC_{dir} 是方向轴控制器指令：

$$\begin{bmatrix}\dot{u}\\\dot{v}\\\dot{w}\\\dot{p}\\\dot{q}\\\dot{r}\\\dot{\phi}\\\dot{\theta}\\\dot{\varphi}\end{bmatrix}=\begin{bmatrix}X_u&0&0&0&X_q&0&0&-g&0\\0&Y_v&0&Y_p&0&0&g&0&0\\0&0&Z_w&0&0&0&0&0&0\\0&L_v&0&L_p&0&0&0&0&0\\M_u&0&0&0&M_q&0&0&0&0\\0&0&0&0&0&N_r&0&0&0\\0&0&0&1&0&0&0&0&0\\0&0&0&0&1&0&0&0&0\\0&0&0&0&0&1&0&0&0\end{bmatrix}\begin{bmatrix}u\\v\\w\\p\\q\\r\\\phi\\\theta\\\varphi\end{bmatrix}\qquad[7\text{-}20]$$

$$\begin{bmatrix}0&0&X_{MC_{ele}}&0\\0&Y_{MC_{ail}}&0&0\\Z_{MC_{thr}}&0&0&0\\0&L_{MC_{ail}}&0&0\\0&0&M_{MC_{ele}}&0\\0&0&0&N_{MC_{rud}}\\0&0&0&0\\0&0&0&0\\0&0&0&0\end{bmatrix}\begin{bmatrix}MC_{thr}\\MC_{lat}\\MC_{lon}\\MC_{dir}\end{bmatrix}\qquad[7\text{-}21]$$

导航轴指令包括 $p\delta_{lat}$、$p\delta_{lon}$、$p\delta_{dir}$、$p\delta_{thr}$，指的是横向、纵向、方向和起伏(也称为推力)轴指令。

7.4　时程数据收集

数据收集是使用 CIFER 软件进行系统辨识过程中最重要的步骤。DLR(Deutsches Zentrum für Luft-and Raumfahrt e. V.，德国宇航中心)等机构进行了许多研究，其中涉及数据收集过程和系统动力学激励研究。Marchand 和 Koehler(1974)成功实施了 3-2-1-1 频率扫描方法。此后，DLR 在 Plaetschke 和 Schulz(1979)、Kaletka 和 Gruenhagen(1989)、Kaletka 和 Gimonet(1995)以及最近的 Jategaonkar 和 Monnich(1997)的努力下，做出了许多其他贡献，其他人包括 Hamel、Chen、Mehra、Gupta、Morelli 等也做出了贡献。提取的系统模型不错，收集到的数据也很好。确保传感器的精度和刷新率符合技术规范对于正确激励系统也很重要。工程师的目标是在整个感兴趣的频率范围内持续激励系统，以提取各种系统模式下的动态特性。这样一来，所收集的时程数据具有丰富的频谱密度，其中包括短时模式和长时模式。

驾驶员输入法作为激励系统的一种手段，在观察驾驶员与系统的相互作用方面也是有益的。对于驾驶系统来说，将驾驶员诱发振荡(Pilot Induced Oscillations，PIO)问题的可能性降到最低是有益的。

该测试将尝试使功率谱密度或机动的信息含量最大化，这需要采用输入指令进行驾驶来完成。驾驶员将尝试以统一的方式使整个频率范围内的激励频谱成分最大化。驾驶员将控制四旋翼无人机进行稳定的悬停飞行。保持三秒钟后，驾驶员将继续进行频率扫描。四旋翼无人机频率扫描从配平开始和结束，并且扫描关于配平对称。飞行过程中，为了保持配平，驾驶员输入脉冲离轴指令时只激励一个指定轴。当然，由于驾驶员输入指令不完善，因此会产生励磁能量溢出。这有助于提取一个更好的系统模型，尤其是对于驾驶员在回路这种应用场景。关闭所有的增控增稳控制系统(Stability and Control Augmentation System，SCAS)，以确保控制器不会抑制响应。

对每个轴执行三次扫频，包括起伏、方向、纵向轴。每个轴最佳的两次扫描都使用 MATLAB 进行后处理，并把它们联结起来，然后再输入 CIFER 软件处理。每个轴还收集了不同的飞行数据。记录了双峰响应和阶跃响应，以便在频域和时域中验证提取到的模型。图 7-6 显示了收集的时程数据日志的示例。

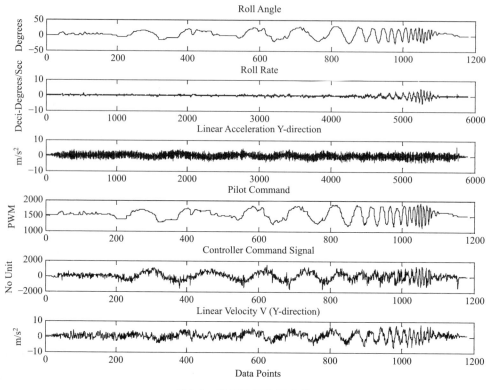

图 7-6   飞行数据时程曲线

7.5 CIFER 概述

CIFER 软件通过傅里叶方法提取数据的频率响应。它用于非线性频率响应时，其结果是描述性函数，可用于描述旋翼飞机的特征。公式[7-22]显示了输出傅里叶系数 Y，是输入激励 X 的函数，它们都与频率 s 有关。H 是同时具有虚部和实部的频率响应：

$$Y(s)=H(s)X(s) \qquad [7-22]$$

在每一个频率点，都要提取激励信号和响应信号有限的傅里叶系数。使用有限傅里叶系数变换代替标准傅里叶变换，因为系统处于离散时间，其中数据日志具有给定的记录长度和采样率，并且不连续。根据这些系数，可以在整个频率范围内创建频谱函数。频谱函数或功率频谱密度描述了激励和系统响应的能量分布。由于没有进行数据过滤，这些频谱函数被表示为"粗糙的"。除现在使用激励信号乘以输出信号的复共轭来代替激励信号之外，还以相同的方式得出交叉谱函数。其结果是描述输入到输出功率传输的交叉谱。公式[7-23]中显示了输入激励的粗谱函数示例：

$$\widetilde{G_{xx}}(f) = \frac{2}{T}\left|X(f)\right|^2 \qquad [7\text{-}23]$$

重叠的窗口由整形函数 $w(t)$ 进行加权处理（对数据进行分段）。窗口长度是用户定义的参数。增加窗口长度可以实现更准确的低频识别，但是，这是以减少窗口数量为代价的。窗口数越少，随机误差的影响越大，高频识别的精度降低。减小窗口长度会产生相反的效果，即增加高频的精度范围而降低低频的精度范围。选择适当的窗口大小时，除其他现象外，还需要考虑弱阻尼模式。窗口的长度将与固有频率乘以待识别的弱阻尼模式的阻尼比成反比。此过程在 CIFER 软件环境中是自动进行的。

根据粗频谱函数，可实现平滑算法，如公式[7-24]所示：

$$\hat{G}_{xx}(f) = \frac{1}{U}\sum_{k=1}^{n}\widetilde{G_{xx,\,k}}(f) \qquad [7\text{-}24]$$

平滑估计对 n 个数据点求取平均值，获得每个频率点的 $\hat{G}_{xx}$。U 是一个校正因子，它源自锥形函数 $w(t)$ 带来的能量损失而引起的整体标准偏差的幅度。频率响应是在每一个频率点进行平滑频谱估计得出的。对于这种标准的情况，我们使用频率响应约定：频率输出响应来源于输入激励。这对于没有过程噪声以及没有输入测量噪声的情况都是有效的，是对四旋翼无人机的有效假设。公式[7-25]显示了使用以下约定的频率响应定义：

$$\hat{H}(f) = \hat{G}_{xx}^{-1}(f)\hat{G}_{xy}(f) \qquad [7\text{-}25]$$

根据平滑方程，我们还计算了相干函数，该函数的取值范围为 0 到 1，其中 1 表示 100% 相关，0 表示不相关。该值代表收集数据的可靠性，如公式[7-26]所示。它显示了系统响应输出中与输入激励线性相关的部分：

$$\gamma_{xy}^2(\omega) = \frac{\left|\hat{G}_{xy}(f)\right|^2}{\left|\hat{G}_{xx}(f)\right|\left|\hat{G}_{yy}(f)\right|} \qquad [7\text{-}26]$$

通过获取每个频率点上的相干性，CIFER 软件能够使加窗过程自动化。用户指定要识别的频率范围，如果该频率范围对于给定的数据集有效，则 CIFER 软件会生成五种不同的响应，其中窗口长度有五种变化。然后，CIFER 软件利用相干值进行权衡组合，找到窗口数据集的最佳组合。

给定要识别的系统，不管是何种配置——单输入单输出（SISO）、多输入多输出（MIMO）或者两者的组合，就可以数值求解每个频率点上的频率响应。对于多输入或多输出情况，频率响应在每个输入阵列的各频率点上仍具有关联的相干性值，因为它与每个输出的响应有关。对于多输入多输出情况（MIMO），使用矩阵符号表示从输入到输出阵列 n_c 的一般相干函数为公式[7-27]：

$$\gamma^2_{x_i y \cdot (n_c-1)!} = \frac{|\hat{G}_{x_i y \cdot (n_c-1)!}|}{|\hat{G}_{x_i x_i \cdot (n_c-1)!}| \, |\hat{G}_{yy \cdot (n_c-1)!}|} \qquad [7\text{-}27]$$

7.5.1 非参数化模型辨识

对于非参数化模型辨识，可能只需要传递函数就够了。把一般传递函数的系数提取出来就可以得到传递函数，如公式[7-28]所示：

$$Tf = \frac{a_1 s^0 + a_2 s^1 + \rightarrow a_n s^m}{b_1 s^0 + b_2 s^1 + \rightarrow b_n s^m} \qquad [7\text{-}28]$$

然后使用代价函数来匹配系数 a 和 b，使得传递函数的相移和幅度分别对应的相位和幅度加权系数 W_p 和 W_g 误差最小化。另外，各相应频率范围的频率点也须使用加权系数 W_y 加权，该加权系数是各个频率上相干值的函数。

7.5.2 参数化模型辨识

公式[7-29]的代价函数通过将当前 T 矩阵的自由传递函数系数反复移入新的最佳猜测 $\hat{T}_c$，使得误差最小化：

$$J_{TF} = \frac{20}{n_w} \sum_{\omega_1}^{\omega_{n_w}} W_y \left[W_g (|\hat{T}_c| - |T|)^2 + W_p (\angle \hat{T}_c - \angle T)^2 \right] \qquad [7\text{-}29]$$

尽管不需要像参数化模型那么多的物理洞察力，但设计人员知道建模系统的阶数仍然能获益良多。找到最低阶的等效系统模型很重要。最低阶等效系统模型避免了过度的参数化，因为过度参数化会导致模型不再具备物理意义，并且可能无法非常精确地对系统进行建模，因为对于特定的情况或数据集，这种模型可能过于宽泛。对于 MIMO ID（Multi Input Multi Output identification，多通道辨识），我们根据给定的状态空间模型结构来求解 T：

$$T(s) = [H_0 + sH_1][(sI - M^{-1}F)^{-1}M^{-1}G]_{\underline{\tau}} \qquad [7\text{-}30]$$

通过运算 T 矩阵，并再次使用由各相干值关联的加权系数构成的代价函数，自由变量被反复移入以使代价最小化。对于 MIMO（Multi Input Multi Output，多输入多输出）系统，代价函数具有以下形式（在每个输入和每个输出之间找到一个模型）：

$$J_{SS} = \sum_{l=1}^{n_{TF}} \left\{ \frac{20}{n_w} \sum_{\omega_1}^{\omega_{n_w}} W_y \left[W_g (|T_c| - |T|)^2 + W_p (\angle \hat{T}_c - \angle T)^2 \right] \right\} \qquad [7\text{-}31]$$

此过程需要对系统有实际了解。至少从正确的符号约定开始很重要。此外，设计人员应固定已知的参数值——例如重力、已知的关系系数以及从子系统测试中找到的值——如由于机械连杆系统而引起的时间延迟。

7.6　开环系统辨识

开环辨识的任务是辨别实际的四旋翼无人机结构和执行器。如图 7-6 所示，FCS 的轴指令输出得到真实的系统激励，将该激励与测得的系统响应进行比较。为了进行开环辨识，必须对横向、纵向、起伏和方向（偏航）轴进行分析。首先开发各个轴的动力学状态空间模型，并使得它们收敛到基准准则之内。这些准则要求每个确定的系数要使 Cramer-Rao(CR)上、下界小于 20%，不敏感度(I)小于 10%。此外，融合解的平均代价函数必须小于 100，单个代价函数应小于 150。CR 是 Hamiltonian 方程平方根的两倍。CR 值较低表示良好的理论可重复性。但是，低的 I 值表示该参数对其他参数的变化敏感。对于降低准则中的平均代价和单个代价，CR 和 I 值都可以帮助确定哪些参数引起了麻烦，哪些参数应该删除。

7.6.1　升沉轴

开环系统升沉轴建模为简单的一阶系统。A 状态空间矩阵仅由单个系数 Zw 组成，该系数在物理上是沿机身 W 方向的阻力系数。B 矩阵由单个系数 Zthr 组成，该系数代表对生成垂直方向推力的油门或升沉轴指令。符号约定表明 Zthr 为正，并且幅度大于 Zw（也可以为负）。模拟响应与频率范围为 $6\sim20r/s$ 的飞行数据匹配。

7.6.2　方向轴

在指定的准则内可以成功找到方向轴或偏航轴的开环辨识。假定响应已经解耦。在所确定模型的整个频率范围内（$5\sim30r/s$），接近于 1 的高相干性支持了这一预测，表明较小的跨轴干扰或相关性。其动力学建模为具有状态变量偏航率 R 和偏航角 ψ 的二阶系统。

7.6.3　横纵轴

横轴和纵轴的开环辨识是通过比较 FCS 轴的激励与关联轴的测量响应实现的。纵

轴是俯仰率 Q、俯仰角 θ 和机体坐标系前进/后退的线速度 U 的函数。横轴是机体坐标系滚转速率 P、滚转角 φ 和侧线速度 V 的函数。使用三阶系统对悬停立方体的动力学建模，使它与悬停飞行条件一致。每个相应的闭环系统也可以预测飞行动态，因为三阶分母被证明最适合传递函数。接下来，将两个模型合并为同一个状态空间方程，该方程现在由六个状态变量组成。首先，横向-纵向组合系统辨识从单个响应中找到的值开始。然后，这些值在组合系统中收敛为一组新的值。值得注意的是，尽管组合的横向和纵向模型将增加单个代价，但可以获得真正的物理系统模型。重要的是在寻求降低相关代价的同时不要过度调整系统。这样做会冒失去物理意义的风险，并使模型无法正确预测实际的系统响应。

图 7-7 显示了纵向状态 Q 的模型预测和实际飞行响应，作为 CIFER 软件数据输出的示例。该模型非常准确地预测了每个状态响应，如横向悬停立方体的情况。

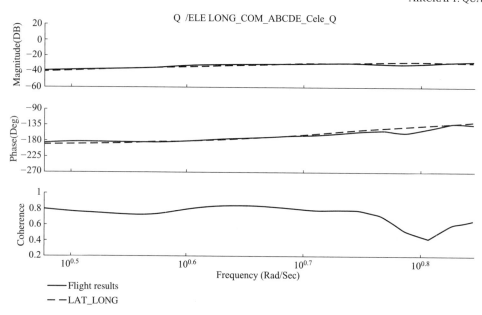

图 7-7　模型预测与记录的俯仰率

所确定的系数与我们预期的符号约定一致。这两个参数均低于 20%（CR）和 10%（I）的准则。平均代价和单个代价均远低于 150 和 100 的要求（见表 7-1 和表 7-2）。完整状态空间表示见图 7-8。

表 7-1 A 矩阵系数结果

参数	值	CR(%)	不敏感度(%)
Zw	−0.04731	4.717	2.359
Zthr	(−)0.0255	16.65	8.323
Nr	−2.874	13.87	5.222
Ndir	0.5155	2.857	13.93
Mu	6.343	8.603	1.113
Xu	−3.692	12.4	2.01
Lv	−7.200	8.021	0.9378
Yv	−4.678	11.63	1.497
Mele	0.2562	6.970	0.9384
Xele	−0.1299	12.32	1.904
Lail	0.2795	6.488	0.8262
Yail	0.1782	10.11	1.375

注：**B** 矩阵的推力系数前面包括负号(−)，与 Z 轴指向地面为正的惯例保持一致(对于悬停飞行条件)，表示的是配平的比例条件。

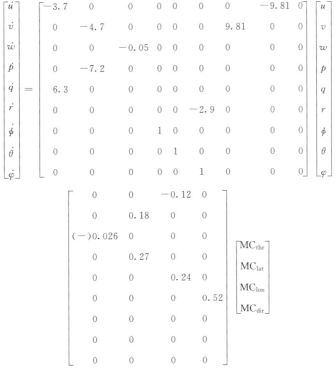

图 7-8 四旋翼无人机模型的完整状态空间表示

表 7-2　A 各轴状态相应的代价

响应参数/激励轴	代　价
Q/MC_lon	23.13
THETA/MC_lon	56.55
U/MC_lon	94.75
P/MC_lat	57.18
PHI/MC_lat	82.03
V/MC_lat	74.98
PSI/MC_dir	10.1841
R/MC_dir	10.1841
W/thr	18.9659

7.7　系统模型验证

我们进行了多个单项飞行验证测试，以激发每种系统模式并记录响应。然后将这些不同的飞行数据与提取的模型的预测数据进行比较。通过叠加模型输出和飞机数据日志，可以在频域和时域进行验证。在横向、纵向和方向轴上执行双重机动，以激发每个轴的动力并测量系统响应。然后将此响应与提取的模型进行比较，并在时域中进行验证。

以上过程使用了 CIFER 软件包的 VERIFY 程序。根据 TIC(Theil's Inequality Coefficient，泰尔不等式系数)和代价的指导原则，定量评估了模型对响应的预测程度。TIC 是对模型预测结果良好程度的度量，其中值 0 表示 100% 预测，值 1 表示不相关。TIC 的准则是 0.25，而验证代价的准则是 2。

对于相应的横轴滚转速率 P 和滚转角 φ，预测的仿真系统响应(用虚线表示)与实际系统响应(用实线表示)重叠，如图 7-10 和图 7-11 所示，其激励控制输入如图 7-9 所示。对于方向轴和横向轴也得到类似的结果。每个轴的最终代价都在 2 的指导值之内，而 TIC 也符合 0.25 的指导原则(见表 7-3)。

表 7-3　系统验证结果

轴	泰尔不等式系数	代　价
横向	0.20	0.135
纵向	0.21	0.098
偏航	0.12	0.13

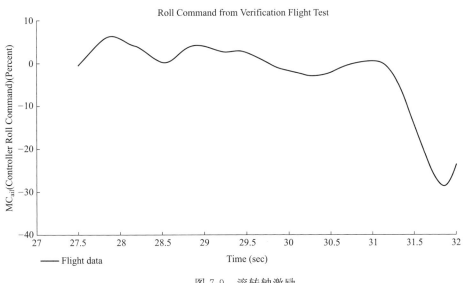

图 7-9　滚转轴激励

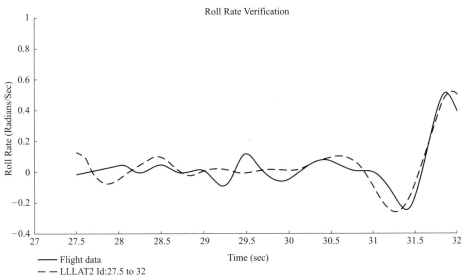

图 7-10　滚转速率模型验证

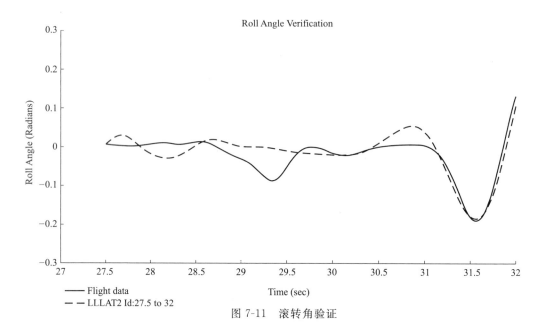

图 7-11   滚转角验证

7.8　LQR 控制器优化

CIFER 软件和其他扫频系统识别技术的显著优势是能够快速获得并验证准确的线性化模型。最终获得的结果是矩阵 $\boldsymbol{A}$ 和 $\boldsymbol{B}$，它们以状态空间表示形式描述系统。如公式［7-32］所示：

$$\dot{x}=\boldsymbol{A}\boldsymbol{x}+\boldsymbol{B}\boldsymbol{u} \qquad\qquad [7\text{-}32]$$

常规和经典控制方法可以轻松求解最佳控制向量，如公式［7-33］所示：

$$\boldsymbol{u}=-\boldsymbol{K}\boldsymbol{x} \qquad\qquad [7\text{-}33]$$

然后，将 LQR 控制方法应用于我们提取的四旋翼无人机模型，它能快速、精确地实现模型。公式［7-34］通过代价函数显示了用户定义的矩阵 $\boldsymbol{R}$ 和 $\boldsymbol{Q}$ 的效果。调节各解耦轴的经典 PD 控制器（例如在测试飞行中使用传统控制器的情况），被转换为调节全耦合系统的矩阵 $\boldsymbol{R}$ 和 $\boldsymbol{Q}$，同时还保证了稳定性：

$$J=\int_{0}^{\infty}\boldsymbol{x}^{\top}\boldsymbol{Q}\boldsymbol{x}+\boldsymbol{u}^{\top}\boldsymbol{R}\boldsymbol{u}\,\mathrm{d}t \qquad\qquad [7\text{-}34]$$

矩阵 Q 和 R 的调节是一个平衡过程，是在系统的"精确度"与控制量多寡之间的平衡。以任意选择的矩阵 R 和 Q 开始（使用辨识矩阵），代数 Riccati 方程可以求解 P，如公式[7-35]所示：

$$0 = A^\mathrm{T}P + PA - PBR^{-1}B^\mathrm{T}P + Q \qquad [7\text{-}35]$$

这就可以直接提取增益矩阵 K（请参见公式[7-36]），由公式[7-33]可以看到，可以针对矩阵 R 和 Q 优化成即时稳定且健壮的控制器：

$$K = R^{-1}B^\mathrm{T}P \qquad [7\text{-}36]$$

图 7-12 显示了用 LQR 函数提取的矩阵 K 输出。

$$\begin{bmatrix} 0 & 0 & -1.21 & 0 & 0 & 0 & 0 & 0 & 0 \\ 0 & 22.64 & 0 & 0.146 & 0 & 0 & 109.1 & 0 & 0 \\ 4.68 & 0 & 0 & 0 & 18.47 & 0 & 0 & 83.86 & 0 \\ 0 & 0 & 0 & 0 & 0 & 0.418 & 0 & 0 & 1 \end{bmatrix}$$

图 7-12 增益矩阵 K

提取到的线性化状态空间模型如图 7-8 所示，其动态模式具有以下特征值、相应的阻尼比和固有频率（见表 7-4）。

表 7-4 开环动态模式

特征值	阻尼比	频率(r/s)
−5.83	1	5.83
9.66+3.21i	−0.288	3.36
9.66-3.12i	−0.288	3.36
1.03+3.69	−0.268	3.83
1.03-3.69	−0.268	3.83
−7.15	1	7.15
0.05	−1	0.005
−2.90	1	2.90
0	−1	0

在反馈给系统之前，执行器矩阵 B 要乘以增益矩阵 K 和负矩阵。新的闭环矩阵 A 如图 7-13 所示。应用 LQR 控制器增益并把全状态反馈给四个转子后，新闭环系统的系统响应成为动态模式，具有以下特征值、相应的阻尼比和固有频率（参见表 7-5）。

$$\begin{bmatrix} -3.34 & 0 & 0 & 0 & 2.21 & 0 & 0 & 0.253 & 0 \\ 0 & -9.17 & 0 & -0.026 & 0 & 0 & -9.81 & 0 & 0 \\ 0 & 0 & -0.26 & 0 & 0 & 0 & 0 & 0 & 0 \\ 0 & -16.2 & 0 & -0.039 & 0 & 0 & 0 & 0 & 0 \\ 5.58 & 0 & 0 & 0 & -4.43 & 0 & 0 & -20.127 & 0 \\ 0 & 0 & 0 & 0 & 0 & -3.12 & 0 & 0 & -0.52 \\ 0 & 0 & 0 & 1 & 0 & 0 & 0 & 0 & 0 \\ 0 & 0 & 0 & 0 & 1 & 0 & 0 & 0 & 0 \\ 0 & 0 & 0 & 0 & 0 & 1 & 0 & 0 & 0 \end{bmatrix}$$

图 7-13 闭环矩阵 A

表 7-5 LQR 闭环系统动态模式

特征值	阻尼比	频率(r/s)
-5.84	1	5.84
$-9.68\text{-}3.21i$	0.288	3.36
$-9.68+3.21i$	0.288	3.36
-7.16	1	7.16
-1.03	0.268	3.83
-1.03	0.268	3.83
-2.94	1	2.94
-0.177	1	0.177
-0.265	1	0.265

7.9 参考文献

Balas, C. (2007). *Modelling and Linear Control of a Quadrotor*. Cranfield University, UK.

Jategaonkar, R.V. and Monnich, W. (1997). Identification of Do-328 aerodynamic database for a level D flight simulator. *AIAA Modeling and Simulation Technologies Conference*. Paper 97-3729-CP, AIAA, 248–258.

Kaletka, J. and Gimonet, B. (1995). Paper VII-7: Identification of extended models from Bo 105 flight test data for hover flight condition. *21st European Rotorcraft Forum*. Saint Petersburg, Russia.

Kaletka, J. and von Gruenhagen, W. (1989). Identification of mathematical derivative models for the design of a model following control system. *American Helicopter Society Annual Forum*, DLR, Germany.

Marchand, M. and Koehler, R. (1974). Determination of aircraft derivatives by automatic parameter adjustment and frequency response methods. *AGARD Conference Proceedings*, 172.

Plaetschke, E. and Schulz, G. (1979). Practical input signal design. *AGARD-LS-104 on Parameter Identification*.

Rinaldi, F., Chiesea, S., and Quagliotti, F. (2013). Linear quadratic control for quadrotors UAVs dynamics and formation flight. *Journal of Intelligent & Robotic Systems*, 70, 203–220.

Tischler, M.B. and Remple, R.K. (2012). *Aircraft and Rotorcraft System*, 2nd edition. American Institute of Aeronautics and Astronautics, Reston, USA.

第 8 章　GPS 拒止环境中的自主导航和目标地理定位

Manish Kumar，Mohammad Sarim，Alireza Nemati

在室内条件下，无人机绕过障碍物的自主导航是一项具有挑战性的任务。这些挑战源于一系列的因素，在利用机载传感器生成关于室内环境的有限知识来避免碰撞的同时，要进行定位、构建飞行所需地图和向目标导航的路径规划。而且，无人机在这种环境里飞行，它用于定位、路径规划的传感器和算法会受到许多限制。例如，由于环境会产生红外辐射，红外接近传感器就不适合在户外使用；同样，室内也无法使用全球定位系统(Global Positioning System，GPS)进行定位；在光线不足或照明条件一直变化的情况下，相机也不能保证有效使用。本章提供一种配备惯性和声呐传感器的四旋翼无人机系统，可以在 GPS 无法使用的含有未知障碍物的室内环境中自主飞行。该系统还能够跟踪已知目标，借助传感器对它进行地理定位，将该目标的图像和位置返回到地面站；可以自动绕过障碍物到达目标，而无须与用户交互。我们使用 MAT-LAB 设计了一个逼真的仿真环境，对无人机平台的性能以及导航和控制算法进行了测试。

8.1　引言

无人机(UAV)有多种用途，包括遥感、消防、搜救、监视和侦察，主要的挑战来自无人机飞行的环境。对于其中许多应用来说飞行环境通常是未知的，例如在建筑物发生结构性火灾后进行搜索和营救。而且，无人机需要在动态变化的环境中飞行，这需要它们不断更新其路径。此外，从现实角度来看，由于干扰和遮挡，难以在 UAV 和地面站之间建立稳定的通信链路。这就要求无人机导航和控制的关键计算要在机载设备上进行。另外对于室内环境，GPS 数据不可靠甚至不可用。因此，无人机必须拥有一种有效的机制，能够对自身定位，并绘制周围环境的地图，以便在避开障碍物的同时进行导航。

在考虑布满障碍的室内环境里如何导航到目标位置时，我们将重点讨论上述的一些问题。我们开发了软件接口，能够在各种传感器之间进行数据通信，有效地实现了导航、避障和路径规划。短程(4m)的 Hokuyo 激光雷达(Hokuyo Laser)用于同步定位与地图构建(Simultaneous Localization And Mapping，SLAM)和避障。无人机使用声呐传感器确定自身高度。使用机载计算机 MiTAC 进行激光数据处理、位姿估计和路径规划。生成的航路点发送到地面站，地面站随后执行更高级别的比例微分(Proportional Derivative，PD)控制，向机载飞行控制器提供俯仰、滚转和偏航指令。无人机和地面站之间的通信采用 MAVLINK 协议(Meier 等，2013)。Linux 上运行的机器人操作系统(Robot Operating System，ROS)负责处理各种算法和传感器之间的通信。在 MATLAB 中对无人机绕过障碍物飞行进行了仿真，使用真实的传感器模型、障碍环境和无人机动态模型。本章介绍了仿真结果。

8.2　相关研究工作

导航的主要挑战之一是无人机的定位。定位的本质是回答"我在哪里"。室外条件下通常使用全球定位系统(GPS)进行定位。但是，室内无法使用 GPS 卫星的信号，因此这种定位方法不适用于室内导航。一种是基于航位推算法的定位方法(Borenstein 和 Feng，1994)，把加速度计或惯性测量单元(Inertial Measurement Unit，IMU)的测量值按时间累加起来获得速度和位置。但是，由于传感器测量的固有噪声，以及航位推算的累加性质，该方法通常会随着时间的推移产生误差累积。为了解决这个问题，文献中最常用的方法是同步定位与地图构建(SLAM)(Durrant-Whyte 和 Bailey，2006)。该方法综合使用地图来定位机器人，并使用定位信息来生成环境图。一些研究人员已经开发出解决 SLAM 问题的算法。然而，传感器获得的数据量很大，因此需要大量的计算能力。例如，通常用于 SLAM 的激光传感器以每秒超过 19 000 点的频率提供数据点。一些作者(Grzonka 等，2009)和(Bachrach 等，2009b)将激光扫描数据发送到地面站处理，完成位姿估计和其他高级任务。最近，研究人员用上了更快的处理器，能够进行机载位姿估计和路径规划。其中包括在室内特别是多层建筑物内进行导航，它还使用了安装反射镜的激光传感器进行位姿估计(Shen 等，2011)。作者(Achtelik 等，2011)仅使用单目相机作为外感传感器，这一结构可实现稳定的室内和室外飞行。另外，Tomic 等(2012)使用了两个互补的外部感应传感器。他们使用扩展卡尔曼滤波器(Extended Kalman Filter，EKF)将里程计与惯性测量单元(IMU)融合在一起。此外，他们不构建几何地图，而是通过识别已知地标来校正漂移误差。该处理在无人机上完成。Bachrach 等(2009b，2009a)的两篇文章开展了微型飞行器(Micro Aerial Vehicles，MAV)的自主导航和探索研究，作者使用视觉和状态估计算法跟踪地面特征物，算法的数据来源于微型飞行器获得的图像序列。作者 Grzonka 等(2009)开发了一种开源系统，该系统由传感器和算法组成，能够使小型无人机在室内飞行。他们采用了已经成功应用于地面机器人的技术。Blosch 等(2010)使用下视单目摄像机对无人机进行定位，采用视觉 SLAM 算法跟踪相机的位姿并构建环境地图。

Wang 等(2013)使用单相机和激光测距仪研究了无人机在室内 GPS 拒止环境中导航的问题，他所有处理均在机载设备上实时进行。(Paull 等，2014)研究了水下自动航行器的导航和定位，而 Georgiev 和 Allen(2004)为城市环境中移动的机器人开发了一个定位系统，该系统太大而无法采用常规的室内导航技术，并且环境过于杂乱(各种建筑物)，GPS 难以可靠地工作。(Cui 等，2014)提出了使用激光测距仪在无 GPS 的树林环境中进行无人机导航。(Soundararaj 等，2009)开发了一种算法，可以使用小型机载轻型摄像机作为唯一传感器，在小型室内环境中自主驾驶微型RC 直升机(遥控直升机)。Tournier 等(2006) 在室内环境中使用莫尔纹估计四旋翼无人机的位姿。Roberts 等(2007)使用红外和超声波传感器在一个大房间里让四旋翼无人机飞行。He 等(2008)使用 Hokuyo 激光器在 GPS 拒止的环境中使四旋翼无人机飞行。一些作者如 Steder 等(2008)、Williams 等(2008)，以及 Cummins 和 Newman(2008)，使用从相机捕获的图像，按照可视 SLAM 的方法构建了环境地图。He、Roy 和 Bachrach 等中的其他人(2011)、Achtelik 等(2009b)和 Achtelik 等(2009a)将 2D 激光测距仪用于小型四旋翼飞行器，进行室内导航、定位和地图构建。

8.3 系统架构

图 8-1 示意性地显示了无人机平台的传感器数据处理和控制流程架构。定位和建图所需的激光数据使用 Hector SLAM 算法在机载 MiTAC 计算机板上处理。它为无人机提供一个地图，地图中包含自身的位置和相对障碍物。这些信息用于规划避碰条件下飞向目标点的路径。路径规划算法的数据处理在机载 MiTAC 计算机进行，并输出计划航路点。航路点信息传到地面站计算机，加上机载惯性测量单元的信息，地面站因此执行更高级别的比例微分(PD)控制，然后向无人机上的 APM 控制器发送俯仰、滚转和偏航指令。APM 与地面站之间通过 MAVLINK 协议建立通信(Meier 等，2013)。APM 自动驾驶软件内置的下层控制器执行该指令，实现俯仰、滚转和偏航动作。类似地，对视觉摄像机采集的视频数据进行连续处理，并识别类似目标的图案。相机使用机载 MiTAC 计算机执行有关处理。一旦目标被识别和定位(使用 8.5.2 节中阐述的三角剖分算法)，目标的图像及其位置就会发送到地面站。

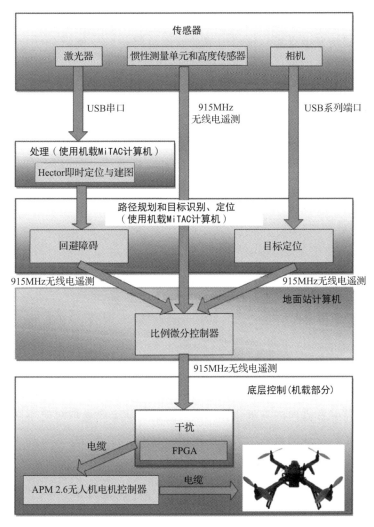

图 8-1　传感器数据处理与控制流程架构图

8.4　导航算法

这项工作使用一种称为 Hector SLAM 的通用定位与建图方法（Kohlbrecher 等，2012）进行无人机定位和障碍物测绘。在这个方法中，首先使用激光传感器数据，构建世界坐标系下的占用栅格地图。然后，执行扫描匹配算法，将激光扫描与现有地图对齐，并估计 UAV 状态（2D 位置和航向）。应该注意的是，我们的无人机平台使用上述算法后只能确定 2D 位置和航向。第三维，即高度，是使用下视声呐传感器确定的。基于以上信息开发了一种避障策略，以生成航路点，使无人机能够朝向目标位置移动，同时避免与任何障碍物发生碰撞。这样生成的航路点将传给比例微分（PD）控制器，生成控制指令。接下来，我们将详细阐述导航和控制算法。

8.4.1 访问栅格地图

带有占据概率的栅格地图自身的离散特性使得精确性受到限制，并且不允许进行插值计算。因此开发了一种双线性滤波器，来估计占据概率及其导数（Durrant-Whyte 和 Bailey，2006）。

给定连续的地图坐标 P_m，可通过插值获得占用值 $M(P_m)$ 为：

$$M(P_m) \approx \frac{y - y_0}{y_1 - y_0} \left(\frac{x - x_0}{x_1 - x_0} M(P_{11}) + \frac{x_1 - x}{x_1 - x_0} M(P_{01}) \right)$$
$$+ \frac{y_1 - y}{y_1 - y_0} \left(\frac{x - x_0}{x_1 - x_0} M(P_{10}) + \frac{x_1 - x}{x_1 - x_0} M(P_{00}) \right)$$

其中 $(x_{0,1}, y_{0,1})$ 表示构成栅格四个点的坐标位置，$P_{00,\ldots11}$ 表示占据概率。

8.4.2 扫描匹配

扫描匹配就是把激光扫描测量结果与当前地图数据或其他激光扫描数据取齐。这是确定无人机当前位置和方向的关键步骤。激光扫描实质上是获取对应不同方位、距离上的障碍物的探测数据组成的点云。文中实现了一种基于障碍物点云对准优化的方法，具体采用高斯-牛顿法实现优化。为了找到刚性变换 $\xi^* = (p_x, p_y, \psi)^T$，我们可以最小化：

$$\psi^* = \arg\min_{\phi} \sum_{i=1}^{n} \left[1 - M(S_i(\psi)) \right]^2$$
$$= \arg\min_{\psi} \sum_{i=1}^{n} \left[1 - M(S_i(\psi)) \right]^2$$

[8-1]

其中 $S_i(\psi)$ 是扫描端点 s_i 的世界坐标 $s_i = (s_{i,x}, s_{i,y})^T$。这个过程实质上是试图找出刚性变换（或激光扫描的对齐方式），以最大限度地减小地图和激光扫描之间的误差。更多关于最小化过程的信息，请参见（Kohlbrecher 等，2013）。

8.4.3 导航与避障

构建地图并获得无人机的当前位置后，就可以开发导航和避障算法进行路径规划。路径规划的目的是获得航点（waypoint，WP），该航点将使无人机更靠近目标位置，同时避免与障碍物碰撞。该算法引导无人机在有障碍物的室内环境中达到预先设定的目标点。算法首先将感测到的区域（或由 Hector SLAM 构建地图后的区域）划分为占用栅格，在该栅格中每个栅格的大小都是已知的。无人机最初朝着目标点飞行（偏航），并经过编程以保持其方向（整个操作过程中其偏航角保持相同）。每个时刻，无人机都需要做出决定，选择三个网格单元之一（向前、向左或向右，因为不希望无人机远离目标点向后移动）作为下一个航路点。算法 8-1 提供了导航和避障算法的伪代码。

算法 8-1　导航和避障算法

if $\psi \geqslant 5°$ then
    WP←$(p_x, p_y, \psi_{\text{ini}})$向无人机发送当前位置和初始航向作为航路点
    if $\psi \geqslant 5°$ then
        根据无人机单元的位置，在前、左、右、前左、前右、中间方向建立六个单元←如果前格未被占用
        if 前一单元未被占用 **then**
            WP←$(x_{\text{front}}, y_{\text{front}}, \psi)$, i. e. 向无人机发送前方单元位置和当前航向作为航路点
        end
        if（左侧单元被占用）and（右侧单元未被占用）**then**
            WP←$(x_{\text{right}}, y_{\text{right}}, \psi)$, i. e. 向无人机发送右方单元位置和当前航向作为航路点
        end
        if（左侧单元未被占用）and（右侧单元被占用）**then**
            WP←$(x_{\text{left}}, y_{\text{left}}, \psi)$, i. e. 向无人机发送左方单元位置和当前航向作为航路点
        end
        if（左侧单元被占用）and（右侧单元被占用）**then**
            WP←$(x_{\text{prev}}, y_{\text{prev}}, \psi_{\text{prev}})$, i. e. 向无人机发送先前的单元位置和当前航向作为航路点
        end
        if（前方单元被占用）and（右前单元未被占用）**then**
            WP←$(x_{\text{right}}, y_{\text{right}}, \psi)$, i. e. 向无人机发送右方单元位置和当前航向作为航路点
        end
        if（右前单元被占用）and（左前单元未被占用）**then**
            WP←$(x_{\text{left}}, y_{\text{left}}, \psi)$, i. e. 向无人机发送左方单元位置和当前航向作为航路点
        end
    end
end

8.5　目标地理定位

8.5.1　目标识别

为了进行目标识别，我们将机载罗技摄像头集成到感知层中，并将目标识别算法集

成到建图和目标识别层中。目标识别算法使用高分辨率罗技 HD Pro Webcam C910 数码相机，具有 5MP 的传感器和卡尔蔡司镜头，输出为 1080p 视频流。罗技摄像头的高分辨率提高了远距离（约 25 英尺）目标的捕获能力。罗技摄像机采集的视频流被发送到 MITAC PD11TI Mini ITX(DN2800MT)板载计算机(1.86GHz 双核 Intel Atom 处理器，4GB RAM，8~19V DC 的电源)进行处理。使用了基于色彩的跟踪技术，该技术依赖跟踪前获得的目标颜色信息。使用了 OpenCV 计算机视觉库(Bradski 和 Kaehler，2008)对本应用进行图像处理。为了校准目标识别算法以便找到目标的颜色，首先使用 OpenCV cvtColor 函数将 BGR(蓝色、绿色、红色)视频转换为 HSV(色相、饱和度、值)色彩空间。HSV 色彩空间比常规 BGR 色彩空间拥有更强大的照明处理效果。使用了 OpenCV calcHist 函数获取目标的校准图像(参见图 8-2)，并确定目标各通道(H、S 和 V)的特征颜色直方图(参见图 8-3)。

图 8-2   目标物体的 BGR(左上方)和 HSV(右上方)校准图像本案例使用的黄色荧光笔(底部)(彩色版本见 www.iste.co.uk/cazau-rang/multirotor.zip)

通过从左到右循环遍历每个通道值，直到通道出现有意义的归一化值(即尖峰)，来确定每个通道的下限阈值边界。然后将较低的阈值设置为稍微向左的值，使得过滤器不会过分严格。类似地，计算各通道的阈值上限，遍历方式为从右向左进行。

校准目标物体并确定每个图像通道的上、下阈值之后，就可以使用上下阈值过滤 HSV 视频(请参见图 8-4)。视频流中不属于阈值范围内的所有颜色将从视频中删除，仅保留校准图像中存在的颜色。然后，使用 OpenCV inRange 函数将 HSV 视频过滤后的部分转换为二值阈值图像。对二值阈值图像执行形态学侵蚀和扩张操作，以减少图像噪声(侵蚀)，并突出要跟踪的对象(扩张)。视频流经过过滤处理显示出目标对象之后，就可以使用矩量法确定过滤后对象的质心。首先，使用 OpenCV findContours 函数找到滤

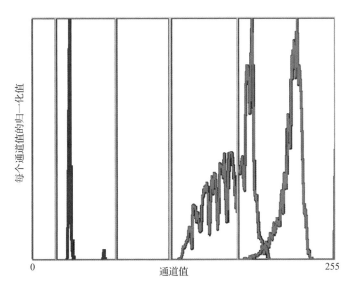

图 8-3　目标(黄色荧光笔)的 HSV 图像的特征颜色直方图。蓝色曲线代表色
　　　　相通道，绿色曲线代表饱和度通道，红色曲线代表明度通道。柔和
　　　　颜色的垂直线代表每个通道的上阈值和下阈值。x 轴是从 0 到 255
　　　　的通道值。y 轴是图像中每个通道值的归一化值(彩色版本见
　　　　www.iste.co.uk/cazaurang/multirotor.zip)

图 8-4　图像过滤过程。BGR 图像(上)、HSV 图像(中)和经过
　　　　形态学处理后的二值阈值图像(下)(彩色版本见
　　　　www.iste.co.uk/cazaurang/multirotor.zip)

波后的二值阈值图像的轮廓，该函数使用 Suzuki851 算法检索二值图像的轮廓。然后，
使用 OpenCV 矩函数计算每个轮廓的矩，并确定各轮廓的质心。之后，跟踪滤波后最

大对象的质心像素坐标。为适应导航要求，将目标的像素坐标减小为对称三进制值：-1 为屏幕左侧，0 为屏幕中心，1 为屏幕右侧。UAV 的电机控制算法将响应这些三进制值，并把它们用到连续的反馈回路中，使得目标处于水平居中位置。目标识别算法提供了类似的指令来调整俯仰角度，以确保对象保持垂直居中位置。最后，目标识别算法为无人机操作系统分配一个布尔值(如果找到目标并居中，则为 TRUE，否则为 FALSE)，以用于目标三角测量过程，将在下一节中介绍。

8.5.2　三角测量目标定位法

基于上述的目标识别需求和三角测量方法开发了目标定位策略。该策略首先通过调整偏航角和俯仰角使无人机对准目标，使目标处于无人机的相机视场的中心位置，进而识别出目标并获得目标方位。记录无人机的位置(x_1, y_1)和目标的方位角(φ_1)(见图 8-5)。然后，指挥无人机移动到一个新的位置，此时再次将无人机对准目标使目标处在相机视场中心，再次记录无人机的方位(φ_2)和位置(x_2, y_2)。然后使用以下等式通过三角测量法估计目标的位置(x, y)：

$$\frac{L}{\sin(\pi - \phi_2 + \phi_{mid})} = \frac{d}{\sin(\phi_2 - \phi_1)} \qquad [8\text{-}2]$$

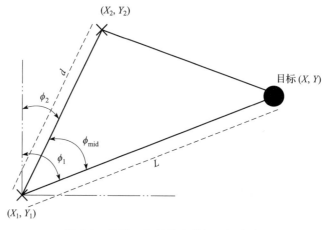

图 8-5　使用三角剖分法进行目标定位

按照如下所示方法求解 x 和 y：

$$x = l \times \sin\phi_1 + x_1 \qquad [8\text{-}3]$$

$$y = l \times \cos\phi_1 + y_1 \qquad [8\text{-}4]$$

8.6　四旋翼无人机动力学

8.6.1　动力学模型

我们提出了四旋翼无人机的动力学模型。如图 8-6 所示，世界坐标系用 W 表示，它是固定的参考坐标。机体坐标 B 原点在无人机的中央。对于第 i 个旋翼，作用在旋翼上的垂直力用 F_i 表示。每个旋翼产生与旋转平面垂直的力矩为 M_i。其数量关系在 8.6.2 节阐述。

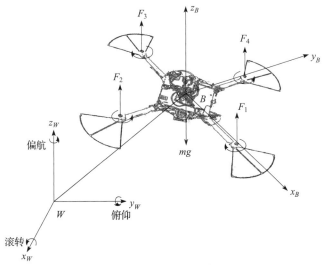

图 8-6　坐标系和受力分析图

将 W 坐标转换为 B 坐标的旋转矩阵可以写成：

$$\boldsymbol{R} = \begin{bmatrix} c\psi c\theta - s\phi s\psi s\theta & -c\phi s\psi & c\psi s\theta + c\theta s\phi s\psi \\ c\theta s\psi + c\psi s\phi s\theta & c\phi c\psi & s\psi s\theta - c\phi c\theta s\phi \\ -c\phi s\theta & s\phi & c\phi c\theta \end{bmatrix} \qquad [8\text{-}5]$$

其中 $c(\bullet)$ 和 $s(\bullet)$ 表示各个角度的余弦和正弦。

四旋翼无人机的运动方程可写为：

$$m\begin{bmatrix} \ddot{X} \\ \ddot{Y} \\ \ddot{Z} \end{bmatrix} = \begin{bmatrix} 0 \\ 0 \\ -mg \end{bmatrix} + \boldsymbol{R}\begin{bmatrix} 0 \\ 0 \\ \sum F_i \end{bmatrix} \qquad [8\text{-}6]$$

其中，m 是四旋翼无人机的质量，g 是重力引起的加速度。

8.6.2 电机控制

每个旋翼产生的垂直力 F_i 由下式给出：

$$F_i = k_F \omega_i^2 \qquad [8\text{-}7]$$

其中 ω_i 是旋翼 i 的转速，$k_F = 6.11 \times 10^{-8} \text{N} \cdot \text{m/rpm}^2$（Powers 等，2014）。

表示无人机角加速度的欧拉方程可写为：

$$\boldsymbol{I} \begin{bmatrix} \dot{p} \\ \dot{q} \\ \dot{r} \end{bmatrix} = \begin{bmatrix} L(F_2 - F_4) \\ L(F_1 - F_3) \\ M_1 - M_2 + M_3 - M_4 \end{bmatrix} - \begin{bmatrix} p \\ q \\ r \end{bmatrix} \times \boldsymbol{I} \begin{bmatrix} p \\ q \\ r \end{bmatrix} \qquad [8\text{-}8]$$

其中：

L ——每个旋翼与无人机重心之间的距离；

$\boldsymbol{I}$ ——分别是沿 x_B、y_B 和 z_B 方向的惯性矩矩阵；

$M_i (i = 1, 2, 3, 4)$ ——旋翼旋转产生的力矩，由下式给出：

$$M_i = k_M \omega_i^2 \qquad [8\text{-}9]$$

其中 ω_i 是第 i 个旋翼的角速度，$k_M = 1.5 \times 10^{-9} \text{N} \cdot \text{m/rpm}^2$（Powers 等，2014）。

因此，可以很容易地推断出，无人机悬停时：

$$F_{i,0} = \frac{mg}{4} \qquad [8\text{-}10]$$

转换为：

$$\omega_{i,0} = \omega_H = \sqrt{\frac{mg}{4 k_F}} \qquad [8\text{-}11]$$

8.6.3 姿态控制

使用式[8-6]和式[8-8]中描述的关系设计了比例微分(PD)控制器，其中输入为旋翼转速。

假设与其他变量相比，z_B 方向的角速度分量可以忽略不计，可以将式[8-7]和式[8-9]代入式[8-8]，以获得所需的旋翼速度，如下所示：

$$\begin{bmatrix} \omega_1^{\text{des}} \\ \omega_2^{\text{des}} \\ \omega_3^{\text{des}} \\ \omega_4^{\text{des}} \end{bmatrix} = \begin{bmatrix} 1 & 0 & -1 & 1 \\ 1 & 1 & 0 & -1 \\ 1 & 0 & 1 & 1 \\ 1 & -1 & 0 & -1 \end{bmatrix} \begin{bmatrix} \omega_H + \Delta \omega_F \\ \Delta \omega_\phi \\ \Delta \omega_\theta \\ \Delta \omega_\psi \end{bmatrix} \qquad [8\text{-}12]$$

其中，$\omega_i^{\text{des}} (i = 1, 2, 3, 4)$ 是旋翼的期望角速度，而 ω_H 是悬停速度。因此，PD 控制器给

出偏差 $\Delta\omega_\phi$、$\Delta\omega_\theta$、$\Delta\omega_\psi$ 和 $\Delta\omega_F$，这些偏差分别导致沿 z_B 轴产生滚转、俯仰、偏航运动和上升的力。这些 PD 控制律可写为：

$$\Delta\omega_\phi = k_{p,\phi}(\phi^{\text{des}} - \phi) + k_{d,\phi}(p^{\text{des}} - p)$$

$$\Delta\omega_\theta = k_{p,\theta}(\theta^{\text{des}} - \theta) + k_{d,\theta}(q^{\text{des}} - q)$$

$$\Delta\omega_\psi = k_{p,\psi}(\psi^{\text{des}} - \psi) + k_{d,\psi}(r^{\text{des}} - r) \qquad [8\text{-}13]$$

$$\Delta\omega_F = \frac{m}{8k_F\omega_H}\ddot{Z}^{\text{des}}$$

其中 p、q 和 r 是机身的角速度分量，分别与俯仰、滚转和偏航有关（Nemati 和 Kumar，2014）。

8.6.4　位置控制

考虑来自四旋翼无人机的一条期望轨迹 $r_{i,T}$。加速指令 $\ddot{r}_i^{\text{des}}$ 是根据位置误差从 PD 控制器计算出来的，如下所示（Tan 和 Kumar，2013）：

$$(\ddot{r}_{i,T} - \ddot{r}_i^{\text{des}}) + k_{d,i}(\dot{r}_{i,T} - \dot{r}_i) + k_{p,i}(r_{i,T} - r_i) = 0 \qquad [8\text{-}14]$$

其中 r_i 和 $r_{i,T}(i=1,2,3)$ 分别是四旋翼飞机的 3D 位置向量和期望的轨迹。因此，对于悬停状态，$\dot{r}_{i,T} = \ddot{r}_{i,T} = 0$。

为了稳定飞行中的无人机，我们把对应标称悬停状态的运动方程线性化（$r=r_0$，$\phi=\theta=0$，$\psi=\psi_T$，$\dot{r}=0$ 且 $\dot\theta=\dot\psi=\dot\phi=0$）。我们希望在飞行期间俯仰角和滚转角的角速率保持较小的值，因此滚转角和俯仰角要随着期望的轨迹 $r_{i,T}$ 变化的话，可以通过线性化标称悬停状态下的公式[8-6]得到：

$$\theta^{\text{des}} = \frac{1}{g}(\ddot{X}^{\text{des}}\cos\psi_T + \ddot{Y}^{\text{des}}\sin\psi_T)$$

$$\qquad [8\text{-}15]$$

$$\phi^{\text{des}} = \frac{1}{g}(\ddot{X}^{\text{des}}\sin\psi_T - \ddot{Y}^{\text{des}}\cos\psi_T)$$

其中 $\ddot{X}^{\text{des}}$ 和 $\ddot{Y}^{\text{des}}$ 表示在 X 和 Y 方向上的期望加速度，而 ψ_T 是要跟踪的偏航角，与期望的偏航角 ψ^{des} 相同。

8.7　结果

8.7.1　仿真设置

为了验证所提出的算法，使用 MATLAB 对四旋翼无人机在具体环境中的导航进行

了数值模拟。无人机的初始位置设置
为(3.15，0.15，0.00)，目标位置设
置为(3.15，10.75，3.00)。障碍物的
布局如图 8-9 所示。

8.7.2 仿真结果

飞行仿真的过程是，首先从初始
点垂直起飞，然后按照给定算法计算
后续航路点。四旋翼飞行器沿生成的
航点飞行，同时生成后续航路点。计
算航路点是为了避障，并朝着目标点
移动。图 8-7 显示了三维空间中的四旋
翼无人机轨迹。

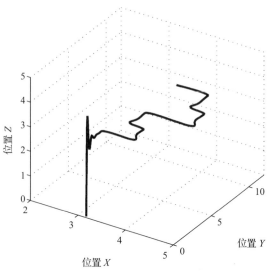

图 8-7 四旋翼无人机在三维空间的轨迹

为了更好地理解无人机如何从起点开始穿过不同的障碍物到预期区域，以及如何精
确地跟踪所有航路点，我们绘制了图 8-9 进行说明，其中所有的航路点均显示为蓝点。
为了完成整个飞行，总共生成 45 个航路点。图 8-8 显示了四个子图，给出了四旋翼无

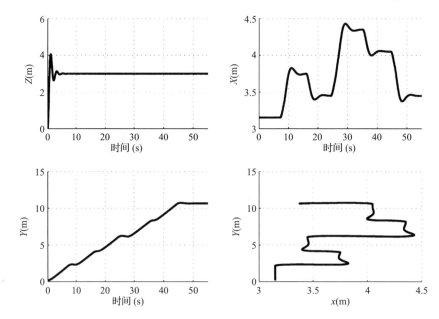

图 8-8 四旋翼无人机飞行轨迹

人机在 X 和 Y 轴上的位置随时间变化的情况，其中下方右侧子图显示了二维平面上四旋翼无人机的轨迹。图 8-10 给出的是在完成整个飞行的过程中，需要怎样调整俯仰和横滚才能不断地导航到下一个航路点。

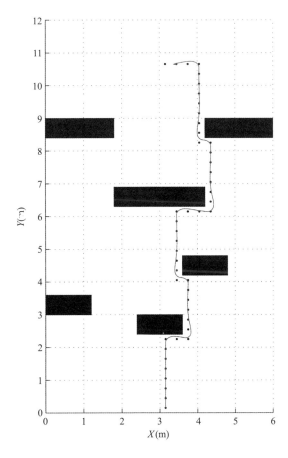

图 8-9　预设场地中的航点和四旋翼无人机轨迹（彩色版本见 www. iste. co. uk/cazaurang/multirotor. zip）

　　致谢　我们感谢 Eric Schnipke 先生所做的努力：开发目标识别和定位模块、改编 Hector SLAM、使用 OpenCV 支持导航功能开发。我们还要感谢其他团队成员，如 Ruoyu Tan、Mehdi Hashemi 和 Steve Reidling，在开发无人机平台方面所做的无价努力。

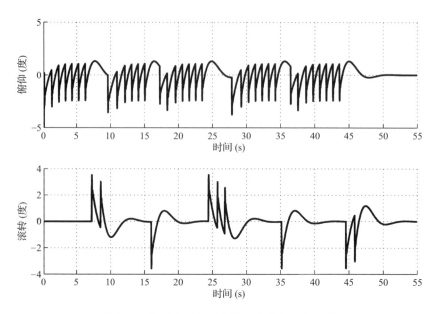

图 8-10　飞行过程中无人机的实际俯仰和滚转

8.8　参考文献

Achtelik, M., Bachrach, A., He, R., Prentice, S., and Roy, N. (2009a). Autonomous navigation and exploration of a quadrotor helicopter in GPS-denied indoor environments. *First Symposium on Indoor Flight, number 2009.*

Achtelik, M., Bachrach, A., He, R., Prentice, S., and Roy, N. (2009b). Stereo vision and laser odometry for autonomous helicopters in GPS-denied indoor environments. *SPIE Defense, Security, and Sensing, International Society for Optics and Photonics*, 733219–733219.

Achtelik, M., Weiss, S., and Siegwart, R. (2011). Onboard imu and monocular vision based control for mavs in unknown in-and outdoor environments. *2011 IEEE International Conference on Robotics and Automation (ICRA)*, IEEE, 3056–3063.

Bachrach, A., Garamifard, A., Gurdan, D., He, R., Prentice, S., Stumpf, J., and Roy, N. (2009a). Co-ordinated tracking and planning using air and ground vehicles. *Experimental Robotics*, Springer, 137–146.

Bachrach, A., He, R., and Roy, N. (2009b). Autonomous flight in unknown indoor environments. *International Journal of Micro Air Vehicles*, 1(4), 217–228.

Bachrach, A., Prentice, S., He, R., and Roy, N. (2011). Range–robust autonomous navigation in GPS-denied environments. *Journal of Field Robotics*, 28(5), 644–666.

Blosch, M., Weiss, S., Scaramuzza, D., and Siegwart, R. (2010). Vision based mav navigation in unknown and unstructured environments. *2010 IEEE International Conference on Robotics and Automation (ICRA)*, IEEE, 21–28.

Borenstein, J. and Feng, L. (1994). Umbmark: A method for measuring, comparing, and correcting dead-reckoning errors in mobile robots.

Bradski, G. and Kaehler, A. (2008). *Learning OpenCV: Computer Vision with the OpenCV Library*. O'Reilly Media, Inc.

Cui, J.Q., Lai, S., Dong, X., Liu, P., Chen, B.M., and Lee, T.H. (2014). Autonomous navigation of UAV in forest. *2014 International Conference on Unmanned Aircraft Systems (ICUAS)*, IEEE, 726–733.

Cummins, M. and Newman, P. (2008). Fab-map: Probabilistic localization and mapping in the space of appearance. *The International Journal of Robotics Research*, 27(6), 647–665.

Durrant-Whyte, H. and Bailey, T. (2006). Simultaneous localization and mapping: Part I. *Robotics & Automation Magazine, IEEE*, 13(2), 99–110.

Georgiev, A. and Allen, P.K. (2004). Localization methods for a mobile robot in urban environments. *IEEE Transactions on Robotics*, 20(5), 851–864.

Grzonka, S., Grisetti, G., and Burgard, W. (2009). Towards a navigation system for autonomous indoor flying. *ICRA'09. IEEE International Conference on Robotics and Automation, 2009*, IEEE, 2878–2883.

He, R., Prentice, S., and Roy, N. (2008). Planning in information space for a quadrotor helicopter in a GPS-denied environment. *Robotics and Automation, 2008. IEEE International Conference on ICRA 2008*, IEEE, 1814–1820.

Kohlbrecher, S., Meyer, J., Graber, T., Petersen, K., von Stryk, O., Klingauf, U., Petersen, K., Kleiner, A., von Stryk, O., Kohlbrecher, S. *et al.* (2013). Hector open source modules for autonomous mapping and navigation with rescue robots. *Proceedings of 17th RoboCup International Symposium*.

Kohlbrecher, S., Meyer, J., Petersen, K., and Graber, T. (2012). Hector slam for robust mapping in USAR environments. *ROS RoboCup Rescue Summer School Graz*.

Meier, L., Camacho, J., Godbolt, B., Goppert, J., Heng, L., Lizarraga, M. *et al.* (2013). Mavlink: Micro air vehicle communication protocol. Available: http://qgroundcontrol.org/mavlink/start. [Retrieved 22 May 2014].

Nemati, A. and Kumar, M. (2014). Modeling and control of a single axis tilting quadcopter. *American Control Conference (ACC), 2014*, IEEE, 3077–3082.

Paull, L., Saeedi, S., Seto, M., and Li, H. (2014). AUV navigation and localization: A review.

Powers, C., Mellinger, D., and Kumar, V. (2014). Quadrotor kinematics and dynamics. In K.P. Valavanis, G.J. Vachtsevanos (eds). *Handbook of Unmanned Aerial Vehicles*, Springer Netherlands, 307–328. Available: http://dx.doi.org/10.1007/978-90-481-9707-1_71.

Roberts, J., Stirling, T., Zufferey, J.-C., and Floreano, D. (2007). Quadrotor using minimal sensing for autonomous indoor flight. *Proceedings of the European Micro Air Vehicle Conference and Flight Competition (EMAV2007)*.

Shen, S., Michael, N., and Kumar, V. (2011). Autonomous multi-floor indoor navigation with a computationally constrained mav. *2011 IEEE International Conference on Robotics and Automation (ICRA)*, IEEE, 20–25.

Soundararaj, S.P., Sujeeth, A.K., and Saxena, A. (2009). Autonomous indoor helicopter flight using a single onboard camera. *Intelligent Robots and Systems, 2009. IEEE/RSJ International Conference on IROS 2009*, IEEE, 5307–5314.

Steder, B., Grisetti, G., Stachniss, C., and Burgard, W. (2008). Visual slam for flying vehicles. *IEEE Transactions on Robotics*, 24(5), 1088–1093.

Tan, R. and Kumar, M. (2013). Proportional navigation (PN) based tracking of ground targets by quadrotor uavs. *ASME 2013 Dynamic Systems and Control Conference, American Society of Mechanical Engineers*, V001T01A004–V001T01A004.

Tomic, T., Schmid, K., Lutz, P., Domel, A., Kassecker, M., Mair, E., Grixa, I.L., Ruess, F., Suppa, M., and Burschka, D. (2012). Toward a fully autonomous UAV: Research platform for indoor and outdoor urban search and rescue. *Robotics & Automation Magazine, IEEE*, 19(3), 46–56.

Tournier, G.P., Valenti, M., How, J.P., and Feron, E. (2006). Estimation and control of a quadrotor vehicle using monocular vision and moire patterns. *AIAA Guidance, Navigation and Control Conference and Exhibit*, 21–24.

Wang, F., Cui, J., Phang, S.K., Chen, B.M., and Lee, T.H. (2013). A mono-camera and scanning laser range finder based UAV indoor navigation system. *2013 International Conference on Unmanned Aircraft Systems (ICUAS)*, IEEE, 694–701.

Williams, B., Cummins, M., Neira, J., Newman, P., Reid, I., and Tardós, J. (2008). An image-to-map loop closing method for monocular slam. *Intelligent Robots and Systems, 2008. IEEE/RSJ International Conference on IROS 2008*, IEEE, 2053–2059.

第 9 章　面向增强态势感知的视频和 FLIR 图像实时处理

Manish Kumar，Anoop Sathyan，Kelly Cohen

野火是造成经济和生态损失的主要原因。无人机（UAV）可以检测和跟踪野火。消防是高风险工作，使用无人机协助消防减少了人员参与。火灾检测是任务的关键，也是本章的重点。采用遗传算法训练的模糊逻辑系统，具有从视觉和 FLIR 视频源输入检测火灾像素的能力。本章提出二级级联的模糊逻辑系统，第一级使用视觉数据，第二级处理 FLIR 数据，以实现近乎准确地检测火像素。视觉和红外数据的使用提高了火灾探测的准确性。与其他传统方法不同，遗传模糊系统提供了一种简单的机制，能够融合视觉和 FLIR 输入。由于其计算效率高，该系统可在无人机上实时运行。

9.1　引言

野火是造成农村和郊区植被破坏的主要原因。在过去十年中，美国联邦政府花费了约 193 亿美元用于扑灭造成 6830 万英亩土地毁坏的野火（NIFC 2015）。野火造成如此巨大破坏的主要原因是它们蔓延的速度。茂密的森林和草原为火灾迅速蔓延提供了适当的条件。在这种条件下，森林火灾以指数速度扩散，随着时间的流逝，抑制火灾变得愈加困难。因此，要尽早发现火势，赶在大面积蔓延之前将其抑制。举个例子来说明这种现象，加拿大阿尔伯塔省北部麦克默里堡最近发生了山火火灾，这场大火迫使约 9 万居民撤离（Reuters，2016）。大火最初是由麦克默里堡西南 9 英里处的空中林业人员发现的，当时大火已经蔓延到广阔的地区。

一项研究（Radeloff 等，2005）估计，美国近 32％的房屋位于所谓的"城镇森林交界域"（Wildland-Urban Interface，WUI），这些地区的居住地与荒地相邻，预计 WUI 将继续增长。在大风条件下，野火可能威胁到数英里之外的房屋(Cohen，2000)。火灾蔓延到居民区之前，灾情探测和扑灭非常重要，这样可以减少经济损失，降低生态破坏，防止人员伤亡。

在许多情况下，消防人员不知道野火的实际位置，必须依靠消防监视塔查找位置，从而导致消防人员延迟到达现场。美国辛辛那提大学(University of Cincinnati)的SIERRA项目使用无人机(UAV)努力为地面消防人员提供更好的态势感知。SIERRA团队使用装有视觉(GoPro)和前视红外(FLIR)摄像机的无人机，如图9-1所示。这好比一对"空中的眼睛"，两个摄像机的视频源用于检测火灾，定位全局坐标系中感兴趣的区域。它们给消防人员提供火灾的确切位置以及其他信息，例如风速和扩散的性质。我们把GoPro Hero 3用于视觉视频，Tau FLIR 2 324用于FLIR视频，其规格如表9-1所示。如你所见，GoPro的视场(Field Of View，FOV)明显高于FLIR摄像机。因为这个原因以及摄像头设置的方式，FLIR摄像头捕获的场景基本上是GoPro捕获场景的子集。因此，在处理之前，我们把视觉图像的必要部分裁剪下来，使它与FLIR图像匹配。

图9-1　AeroQuad四旋翼飞行器，带有用于SIERRA项目的万向节摄像机(Brown，2016)

本章讨论SIERRA项目的火灾探测。我们使用经过遗传算法(GA)训练的二级级联模糊逻辑系统(FLS)检测火灾像素，为此，要先将GoPro和FLIR视频帧中的像素转换为YCbCR颜色空间，将其作为系统检测的输入。本章的目的是开发一种能够实时处理视觉和红外数据的火灾探测算法，以应用于野外消防。我们的方法在实际场景中进行了测试，各项功能已经建成。后文还将讨论该方法的优点和局限性。

表 9-1　相机规格

相机	GoPro Hero 3	Tau FLIR 2 324
分辨率	1080p	640×480
垂直 FOV	94.4°	19°
水平 FOV	122.6°	24°
帧速率	24～60fps	30/60Hz(NTSC)
质量	135g	72g

9.2　相关文献研究

遗传模糊系统（GFS）本质上是使用经过遗传算法（GA）训练的模糊逻辑系统（FLS）。遗传算法是受自然选择过程启发的搜索算法，可以对复杂的 n 维空间（其中 n 是变量的数量）进行强大的搜索，以找到接近最优的解（Golberg，1989）。对于 GFS，要调整的变量包括隶属函数的边界和规则库中的规则集。在某些应用中，GA 还用于调整隶属函数的形状，尽管在大多数情况下，可以安全地采用三角和梯形隶属函数。

遗传算法从一组称为群体的初始解开始，群体的大小根据特定的优化问题而预先定义。群体中的每个单独的解称为染色体。在每一代中，选择一组染色体进行配对。根据染色体的适应度值（通过计算适应度函数最大化获得）对染色体进行排名，排名较高的个体更有可能被选中。这样的选择过程被称为轮盘赌选择。选中后进行配对，配对过程包括将成对的染色体进行交叉，产生两个子染色体，如图 9-2 所示。尽管非常罕见，但有时染色体会发生变异，其中随机选择的染色体单元会发生突变，如图 9-3 所示。进行交叉和变异后，每个染色体就有一定概率被选择成为下一代。该概率值与个体的适应度值成正比。尽管此处描述的方法被广泛使用，但是还有其他一些运算可以代替交叉和变异，例如自交叉（Ernest 和 Cohen，2012）、重组和迁移（Akbari 和 Ziarati，2011）。其他选择功能，例如锦标赛选择和奖优惩劣选择也正在使用中（Miller 和 Goldberg，1995；Deb 等，2002）。在某些情况下，需要修改交叉和变异运算，以确保这些运算产生合法的解。例如，当应用 GA 解决旅行商问题（Traveling Salesman Problem，TSP）时，交叉和变异运算产生的解可能会重复某些城市，它们不是合法的 TSP 解。

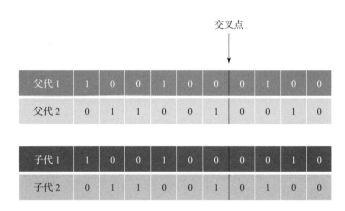

图 9-2 遗传算法交叉的例子。交叉点之后的部分解是在两个父代之间交换

图 9-3 遗传算法随机选择的染色体变异的例子。深色显示的值被修改

遗传模糊系统(GFS)广泛用于各种应用中，而通过学习和自适应功能增强模糊逻辑系统(FLS)引起了学者极大的兴趣。Cordon 等(2001)详细说明了遗传模糊系统取得的进展，同时还概述了该领域进一步发展所面临的挑战。为了开发 GFS，我们需要使用 GA 训练 FLS，使得相应的代价函数(或最大化适应性)最小化。训练 GFS 的主要方法有三种：

1) 匹兹堡方法(Smith, 1980)：遗传算法中的每个染色体代表整个知识库。知识库是指隶属函数和规则库的组合。这是本项目中使用的方法。

2) 密歇根方法(Holland 和 Reitman, 1977)：遗传算法中的每个染色体代表一个规则，群体代表整个规则库。

3) 迭代方法(Venturini, 1993)：每条染色体代表一条规则，在 GA 迭代过程中，每经过一代规则都将被修改成为新的规则，并添加到规则库中。

对于利用视觉相机图像来检测火灾，文献讨论了多种不同的图像处理技术。其中一种方法使用"基于 RGB 模型的色度和无序度测量"技术提取火灾和烟雾像素(Chen 等，2004)，它主要利用红颜色的强度和饱和度。该算法检测像素成长和无序分布的动态，以及烟雾的情况，以验证提取的像素是不是火像素。实验结果表明，这项技术能够以较低的虚警率实现火灾的全自动监控。另一项技术利用了火像素强度随时间的变化情况，实现了利用视频对火灾进行实时自动检测。通过分析图像序列确定候选火焰区域，提取各项火像素的特征并将其组合，以确定是否存在火焰。测试表明，该方法在多种条件下均有效。在大多数严苛的环境下，它对虚假警报具有很高的可靠性和较强的健壮性。

　　还有一些技术通过视觉图像和红外图像处理检测火情。Merino 等（2005）提出了一个框架，该框架使用无人机群检测和定位火灾，使用了视觉和红外摄像机以及其他机载传感器提供的数据。

　　模糊逻辑能够处理不确定性，可以成为图像处理的有力工具。MATLAB 给出了一个利用 FLS 进行边缘检测的简单例子，FLS 使用了相邻像素的强度数据（Mathworks，2016）。图像中，两个相邻像素之间的较小强度差并不总是代表边缘，也可能只是阴影效果。给 FLS 设计合适的隶属函数后，就可以定义像素属于边缘的程度，抑或仅是阴影效果。Çelik 等（2007）使用了模糊逻辑检测视觉数据中的火灾和烟雾像素。对于火灾检测，使用 FLS 能够增强算法有效区分火灾和有色物体的健壮性。该模型实现了高达 99% 的正确火灾探测率和 4.50% 的误报率。对于烟雾检测，要牢记一点，统计分析表明烟雾在不同照明的情况下都呈现灰色。Garg 等（2013）使用模糊逻辑将火灾和烟雾检测组合到一个模型中，该模型仅使用颜色信息。这项工作也是 SIERRA 项目的一部分。该项技术可用于野火的早期阶段，即火灾刚刚开始且烟雾温度非常低时。结果表明，如果烟雾的颜色在预定范围内，则该方法响应快速且效果很好。

　　模糊逻辑本身可以很好地处理不确定性，因此健壮性很好。通过设计应用程序的专用代价函数，让其使用 GA 进行自我训练，可以进一步提高模糊逻辑的健壮性。本章使用 GA 训练二级级联 FLS 的变量，它从视觉图像和红外图像中获取像素进行火灾像素检测。对于大多数图像处理技术而言，融合视觉和红外数据并不是一件容易的事。由于模糊逻辑能够有效地将复杂的关系分解为一组简单的隶属函数和规则库，因此我们能够开发出融合视觉和红外数据的 FLS，用于检测火像素。

　　FLS 本质上构建了从输入到输出空间的映射。在本章的案例中，输入空间包括 GoPro 和 FLIR 图像像素，而输出则是衡量该像素是否为火像素的度量。GA 用于优化此映射，以便 FLS 能够正确区分火像素和非火像素。技术细节将在下一节说明。因此，这项工作的贡献包括：

　　1）用二级级联的 FLS 处理视觉和 IR 像素（红外像素），实现火灾像素检测。

2) 使用 GA 训练 FLS，目的是优化输入输出映射，使其对不确定性更加健壮。使用遗传模糊系统避免了复杂的数学模型。

3) 测试期间发现的误报都可以轻松添加到训练数据中，提高了系统的性能。

4) 仅处理输入图像中具有不同值的唯一性像素（拥有相同数值的像素点仅需要处理一次）。这大大减少了计算时间，使系统可以实现无人机机载实时处理。

9.3   研究方法

我们使用 YCbCr 颜色空间，因为亮度(Y)和色度分量(Cr 和 Cb)信息对检测火像素很重要。火像素的亮度成分(Y)是主要属性。判定火像素的条件如下：

- Y 和 Cb 分量之间的差异越大，则其成为火像素的可能性就越大(Çelik 等，2007)。

- 对于火像素，Cr 应该大于 Cb，并且两者之间的差异越大，可能性就越大。

用数学公式可以把上述条件写成：

$$Y \geqslant Cr \geqslant Cb \qquad [9\text{-}1]$$

尽管公式[9-1]提供了一个非常简单有效的条件检测视觉数据中的火像素，但我们还可以利用 IR 数据来提高检测有效性。本节介绍 FLS 的设计及参数调整的训练过程，使其具有检测火灾像素的能力。

FLS 的原理图如图 9-4 所示。模糊推理系统(FIS)FIS1 使用的是 GoPro 的输入。FIS2 使用二项输入对某个像素进行火像素的预测，输入一是 FIS1 的输出，输入二是 IR 图像。对于视觉和 FLIR 摄像机的一帧帧图像，将按像素逐个处理。

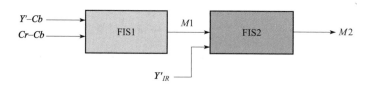

图 9-4   两级级联 FLS 的示意图

在 YCbCr 色彩空间中，Y 的范围是 16~235，而 Cr 和 Cb 的范围是 16~240。为了易于归一化，使用以下公式将 Y 转换为 16~240。

$$Y' = \frac{224}{219}(Y-16) + 16 \qquad [9\text{-}2]$$

现在，Y' 在 16~240 的范围内，因此容易将 $Y'-Cb$ 和 $Cr-Cb$ 归一化为[-1 1]范

围。同样，使用以下公式将 Y_{IR} 归一化为 [0 1] 范围：

$$Y_{IR}' = \frac{Y_{IR} - 16}{219} \qquad [9\text{-}3]$$

输出 $M1$ 和 $M2$ 在 $0 \sim 1$ 范围内。FIS1 的输出 $M1$ 是代表输入像素为火颜色像素的概率值，将其与 IR 图像的亮度值 Y_{IR}' 一起作为 FIS2 的输入，得到一个新的概率值 $M2$。高温区域在热图像中将显示为白色。因此，火像素将具有较高的亮度分量。$M2$ 代表像素成为火灾像素的可能性，因为它同时考虑了颜色和红外光谱。

9.3.1　设置 FLS

模糊逻辑分三个阶段将 FIS 的输入转换为输出：模糊化、规则评估和解模糊化。为了把输入模糊化，必须给每个输入定义一组隶属函数。使用一组隶属函数定义每个输入和输出，如图 9-5 和图 9-6 所示。注意，这些隶属函数的边界是在训练之前随机初始化的。GA 为应用确定了向量 $\boldsymbol{R}$ 的最佳值。稍后将描述调整过程。$\boldsymbol{R}$ 既包括隶属函数的边界，也包括规则库的前件。

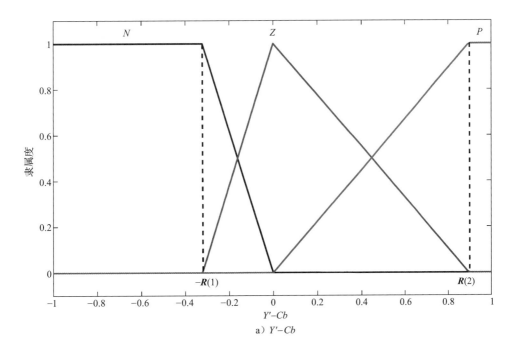

a）$Y'\text{-}Cb$

图 9-5　FIS1 的隶属函数

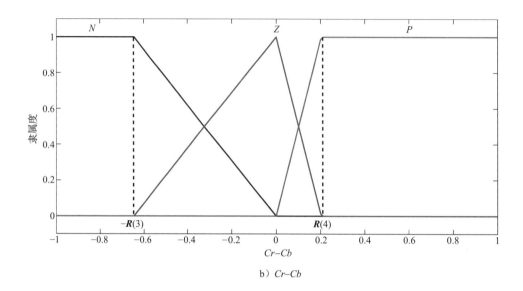

b）Cr−Cb

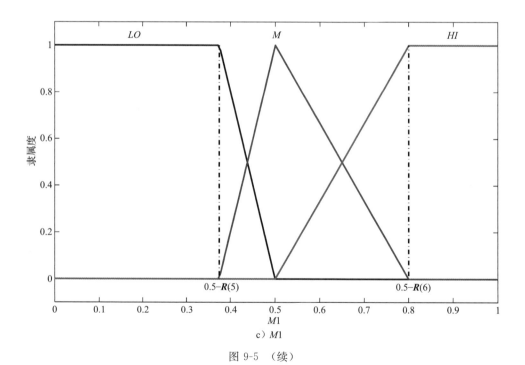

c）M1

图 9-5 （续）

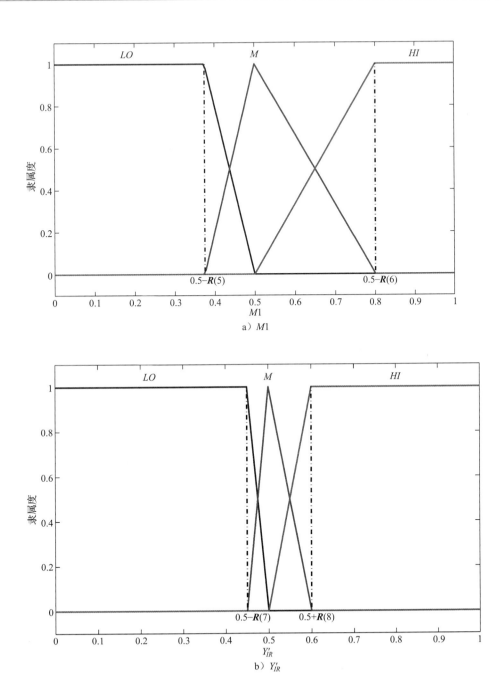

a) M1

b) Y'_{IR}

图 9-6　FIS2 的隶属函数

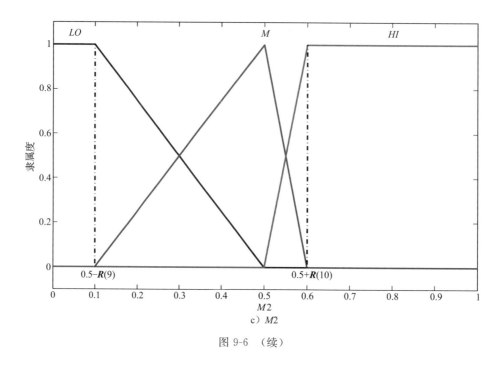

图 9-6 （续）

（1）**输入和输出隶属函数**：如图 9-4 所示，对于此问题，我们使用 $Y'-Cb$ 和 $Cr-Cb$ 作为 FIS1 的输入，得到输出 $M1$——当前像素基于颜色信息的火像素概率。FIS2 将 $M1$ 和 Y'_{IR} 作为输入并计算 $M2$——当前像素是火像素的概率。对于 FIS1 的两个输入（$Y'-Cb$，$Cr-Cb$），每一个都使用三个隶属函数定义：负（N）、零（Z）和正（P），如图 9-5a 和图 9-5b 所示。隶属度函数是一种将输入空间表示为集合（N、Z 和 P）的方式，隶属度值把输入值转换为集合中每一个成员的隶属度。例如，观察图 9-5a 可以知道，当 $Y'-Cb \approx -0.2$ 时，它是 50% 的 N、50% 的 Z 和 0% 的 P。类似地，当 $Y'-Cb = \boldsymbol{R}(2)$ 时，它是 0% 的 N、0% 的 Z 和 100% 的 P。我们还使用三个隶属函数定义了输出 $M1$：低（LO）、中（M）和高（H）。语义上的差异是因为 $M1$ 在 [0 1] 范围内。

（2）**规则库**：现在我们已经为 FLS 中的所有输入和输出变量定义了隶属函数，需要在规则库中为 FIS1 和 FIS2 定义一组规则。模糊规则库由一组规则组成，这些规则集的形式为"如果输入 1 为 N，输入 2 为 P，那么输出为 M"。规则库有助于 FIS 将输入和输出之间的复杂关系剥离为一组可以用语言表示的简单规则。这使 FIS 能够模仿人类的决策。大多数情况下，人类使用 IF-THEN 语句进行决策。

由于 FIS1 使用了两个输入和一个输出，并且使用三个隶属函数定义了每个输入/输出变量，因此需要 $3^2 = 9$ 个规则来定义每组输入和输出之间的 AND 关系，如下所示。$\boldsymbol{R}$ 是 GA 要调整的向量，如图 9-7 所示。$\boldsymbol{R}(11\!:\!19)$ 在规则库中定义了规则的前件，是输出 $M1$ 的三个隶属函数中的任何一个，即 LO、M 或 HI：

1) If $Y' - Cb$ is N AND $Cr - Cb$ is N then $M1$ is $\boldsymbol{R}(11)$

2) If $Y' - Cb$ is N AND $Cr - Cb$ is Z then $M1$ is $\boldsymbol{R}(12)$

3) If $Y' - Cb$ is N AND $Cr - Cb$ is P then $M1$ is $\boldsymbol{R}(13)$

4) If $Y' - Cb$ is Z AND $Cr - Cb$ is N then $M1$ is $\boldsymbol{R}(14)$

5) If $Y' - Cb$ is Z AND $Cr - Cb$ is Z then $M1$ is $\boldsymbol{R}(15)$

6) If $Y' - Cb$ is Z AND $Cr - Cb$ is P then $M1$ is $\boldsymbol{R}(16)$

7) If $Y' - Cb$ is P AND $Cr - Cb$ is N then $M1$ is $\boldsymbol{R}(17)$

8) If $Y' - Cb$ is P AND $Cr - Cb$ is Z then $M1$ is $\boldsymbol{R}(18)$

9) If $Y' - Cb$ is P AND $Cr - Cb$ is P then $M1$ is $\boldsymbol{R}(19)$

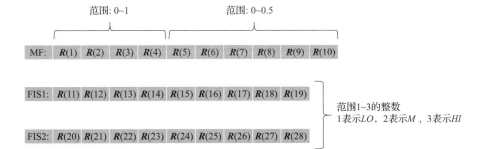

图 9-7　使用 GA 调整向量 $\boldsymbol{R}$。$\boldsymbol{R}(1\!:\!10)$ 给出隶属函数的边界，$\boldsymbol{R}(11\!:\!28)$ 给出 FIS1 和 FIS2 的规则库前件（彩色版本见 www.iste.co.uk/cazaurang/multirotor.zip）

同样，我们给 FIS2 定义了一组九个规则，如下所示。规则的前件由 $\boldsymbol{R}(20\!:\!28)$ 表示，它可以采用以下三个值之一：LO、M 或 HI，表示输出 $M2$ 的隶属函数：

1) If $M1$ is LO AND Y'_{IR} is LO then $M2$ is $\boldsymbol{R}(20)$

2) If $M1$ is LO AND Y'_{IR} is M then $M2$ is $\boldsymbol{R}(21)$

3) If $M1$ is LO AND Y'_{IR} is HI then $M2$ is $\boldsymbol{R}(22)$

4) If $M1$ is M AND Y'_{IR} is LO then $M2$ is $\boldsymbol{R}(23)$

5) If $M1$ is M AND Y'_{IR} is M then $M2$ is $\boldsymbol{R}(24)$

6) If $M1$ is M AND Y'_{IR} is HI then $M2$ is $\boldsymbol{R}(25)$

7) If $M1$ is HI AND Y'_{IR} is LO then $M2$ is $\boldsymbol{R}(26)$

8）If $M1$ is HI AND Y'_{IR} is M then $M2$ is $\boldsymbol{R}$(27)

9）If $M1$ is HI AND Y'_{IR} is HI then $M2$ is $\boldsymbol{R}$(28)

（3）**解模糊化**：我们已经模糊了输入和输出，并通过建立规则库定义了它们之间的关系。由于使用的是 Mamdani FIS，因此输出也采用隶属函数的形式，如图 9-5c 和图 9-6c 所示。我们必须对每个 FIS 的输出进行解模糊化处理，以便将其量化为明确值。根据输入值和触发的规则计算输出隶属函数的总面积，以获得聚合隶属函数。图 9-8 显示了一个聚合隶属函数的例子。使用适当的解模糊方法将面积转换为明确值。解模糊化最常见的方法是质心法，该方法中要计算区域的质心。由于这涉及两个求和，因此我们选择了一种解模糊化方法，该方法的计算量略低，称为最大隶属度取最大值法（Largest Of Maximum，LOM）。LOM 评估能够产生最大聚合隶属函数的输出，取其最大绝对值。在图 9-8 中，质心法的输出为 0.38，而 LOM 的输出为 0.3，这很容易从图中得出。

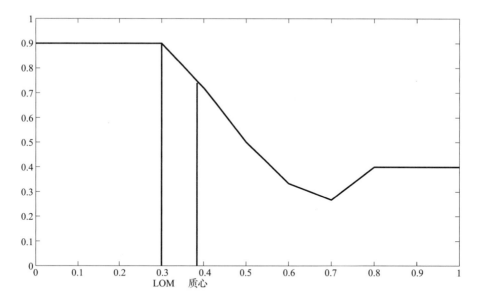

图 9-8　质心法和 LOM 法解模糊

9.3.2　训练 FLS

设置了 FLS 后需要调整其参数。9.3.1 节使用向量 $\boldsymbol{R}$ 定义了 FIS1 和 FIS2 的隶属函数和规则库。$\boldsymbol{R}$ 是经 GA 调节后的含 28 个元素的向量，使得 FLS 能够确定输入像素是否为火像素。如图 9-7 所示，R 的前 10 个元素代表隶属函数的边界。$R(1{:}4)$ 的范围是 $0\sim1$，$R(5{:}10)$ 的范围是 $0\sim0.5$。这样做是为了确保隶属函数的边界不超出相应的输入/输出变量的范围（见图 9-5 和图 9-6）。

为了训练 FLS，我们需要为 FLS 提供一组输入，并将相应的输出与基本事实进行比较。以像素为单位输入图 9-9 所示的训练图像（包括视觉图像和 IR 图像）。基本事实就是 FLS 的预期输出，在本章所述情况下，预期输出是一个矩阵（M_{opt}），所有火像素均为 1，而非火像素为 0。定义代价函数，以便评估 $M2$ 值矩阵与最佳输出 M_{opt} 之间的相似性。使用阈值 0.75 将 $M2$ 转换为二值矩阵，即大于 0.75 的任何值都被视为 1，而小于 0.75 的值被视为 0：

$$C = \sum_i \sum_j (M2(i,\ j) - M_{opt}(i,\ j)) \qquad [9\text{-}4]$$

其中 $M2(i,\ j)$ 和 $M_{opt}(i,\ j)$ 表示像素坐标 $(i,\ j)$ 上的值。训练 FLS 后就可以在其他图像上对系统进行测试。

a）视觉图像　　　　　　　　　　　　b）红外图像

图 9-9　用于训练的视觉图像和红外图像（ExtremeLabVT 2014）

9.4　结果与讨论

使用图 9-9 中所示的两个图像，用 GA 调整 R 定义的 FLS 参数。GA 参数定义如下：

1）代数：100。

2）群体规模：30。

3）为 $R(11{:}28)$ 设置与规则前件相对应的整数约束。

4）使用图 9-7 所示的各个变量的范围定义搜索空间。

将 GA 运行 100 代后，代价降低为 $C=4$。向量 $\boldsymbol{R}$ 最终的调整值如图 9-10 所示。

FIS1 的规则库如下：

1）If $Y'-Cb$ is N AND $Cr-Cb$ is N then $M1$ is LO

2）If $Y'-Cb$ is N AND $Cr-Cb$ is Z then $M1$ is M

3）If $Y'-Cb$ is N AND $Cr-Cb$ is P then $M1$ is HI

4）If $Y'-Cb$ is Z AND $Cr-Cb$ is N then $M1$ is M

5）If $Y'-Cb$ is Z AND $Cr-Cb$ is Z then $M1$ is M

6）If $Y'-Cb$ is Z AND $Cr-Cb$ is P then $M1$ is HI

7）If $Y'-Cb$ is P AND $Cr-Cb$ is N then $M1$ is M

8）If $Y'-Cb$ is P AND $Cr-Cb$ is Z then $M1$ is HI

9）If $Y'-Cb$ is P AND $Cr-Cb$ is P then $M1$ is HI

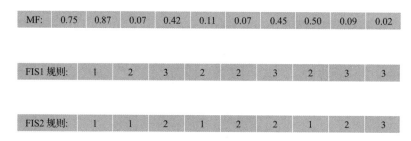

MF:	0.75	0.87	0.07	0.42	0.11	0.07	0.45	0.50	0.09	0.02

FIS1 规则:	1	2	3	2	2	3	2	3	3

FIS2 规则:	1	1	2	1	2	2	1	2	3

图 9-10　使用 GA 调整后的 $\boldsymbol{R}$

同样，FIS2 的规则库为：

1）If $M1$ is LO AND Y'_{IR} is LO then $M2$ is LO

2）If $M1$ is LO AND Y'_{IR} is M then $M2$ is LO

3）If $M1$ is LO AND Y'_{IR} is HI then $M2$ is M

4）If $M1$ is M AND Y'_{IR} is LO then $M2$ is LO

5）If $M1$ is M AND Y'_{IR} is M then $M2$ is M

6）If $M1$ is M AND Y'_{IR} is HI then $M2$ is M

7）If $M1$ is HI AND Y'_{IR} is LO then $M2$ is LO

8）If $M1$ is HI AND Y'_{IR} is M then $M2$ is M

9）If $M1$ is HI AND Y'_{IR} is HI then $M2$ is HI

FIS1 的规则库与公式[9-1]是一致的,规则库提供了一种更为通用的关系,而公式[9-1]描述的是线性关系。FIS2 使用 FLIR 图像的亮度分量来确保由 FIS1 检测到的火像素实际上是火光。

FIS 在计算上非常高效。我们的 FLS 由二个级联的 FIS 组成,处理每个像素大约需要 43 微秒。尽管它本身是一个很小的值,但这也意味着处理 640×480 图像大约需要 13.2 秒,因为它包含 307 200 像素,对于需要实时处理的应用程序来说太慢了。为了减少每帧的处理时间,我们利用 FLS 本质上是计算纯函数的事实。纯函数就是一组相同的输入产生相同输出的函数,即输出不依赖于任何外部扰动或随机性。这对于图像处理是非常有用的属性,因为图像中的许多像素非常相似。对于正在处理的许多图像,具有唯一性像素的数量大约是图像中像素总数的(1/10)。唯一性使用一组输入值($Y'-Cb$,$Cr-Cb$,Y'_{IR})进行计算。例如,如果图像的第一行对于这三个输入具有相同的值,那么只需要计算一次 FLS,然后将结果分布到整个行中。因此,我们基本上只考虑那些具有 $Y'-Cb$、$Cr-Cb$ 和 Y'_{IR} 唯一值的像素,然后将输出扩展到三个具有相同输入值的相应像素上。这种方法将每帧的计算时间减少到平均 0.776 秒。这个平均时间是通过运行 FLS 超过 50 帧后计算得到的。

由于 FLS 可以分为两个 FIS,因此可以使用 FIS1 来检测图像中的火像素。如图 9-11 所示。该图像是在俄亥俄州威尔明顿进行的一次飞行测试中拍摄的。图中检测到的物体是一件红色外套。由于我们无法点火,因此在这项测试中未使用 FLIR 摄像机。图 9-11 显示 FIS1 能够非常有效地检测到红色外套。

a) GoPro 图像　　　　　　　　　　b) 处理后的图像

图 9-11　用 FIS1 检测到的涂色后的起火点像素

将调整后的 FLS 应用到视觉和 FLIR 图像之前,需要确保两个摄像机生成的图像匹配。如表 9-1 所示,与 GoPro 相比,FLIR 摄像机的 FOV 明显较小,并且由于我们设置摄像机的方式,FLIR 摄像机看到的是 GoPro 捕获的场景子集。由于已知可视图像中与 FLIR 摄像机捕获的场景相对应的像素值范围，因此可以裁剪相应的区域，使它与 FLIR 图像匹配。裁剪后可以运用 FLS 来处理视觉和 FLIR 图像中的每个像素。

图 9-12 和图 9-13 中显示的图像是在 Engineering & Scientific Innovations，Inc.（ESI）的仓库中捕获的。GoPro 和 FLIR 摄像机安装在 10 米高的杆上。这些图还显示了我们的 FLS 性能与直接比较 Y、Cb 和 Cr 值的常规方法（公式［9-1］）之间的差异。我们

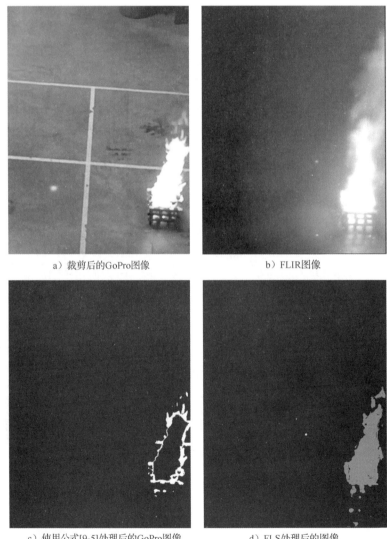

a）裁剪后的GoPro图像　　　　　　　　b）FLIR图像

c）使用公式[9-5]处理后的GoPro图像　　　　d）FLS处理后的图像

图 9-12　ESI 公司测试图像 1：使用 FLS 检测火

a）裁剪后的GoPro图像　　　　　　　　b）FLIR图像

c）使用公式[9-5]处理后的GoPro图像　　　　　d）FLS处理后的图像

图 9-13　ESI 公司测试图像 2：使用 FLS 检测火

使用公式[9-1]的修改版本[9-5]，其中将阈值设置为 10，因此它忽略了 Y、Cb 和 Cr 之间的微小差异：

$$Y \geqslant Cr + 10$$
$$Cr \geqslant Cb + 10$$

$$[9-5]$$

其中 $Y \in [16, 235]$，$Cr \in [16, 240]$ 而 $Cb \in [16, 240]$。

　　图 9-12 和图 9-13 显示基于 FLS 的方法在检测火像素方面的有效性。公式[9-5]在火的内部区域不成立，该区域也是最热的部分，因此在可视图像中显示为白色。FLS 可以很好地处理这一问题，这是因为它会产生更广泛的关系，而且还使用 FLIR 数据来检测火像素。

　　图 9-14 中所示的图像是在俄亥俄州辛辛那提大学的 UAV MASTER Lab 拍摄的。从该图可以看出，FLS 甚至在火势很小的情况下——外部区域呈红色而其余部分为白色，也能够检测到燃烧中的小火柴棍。火焰的外边界可以使用公式[9-5]进行检测，尽管它会检测到包括地板在内的许多背景像素。

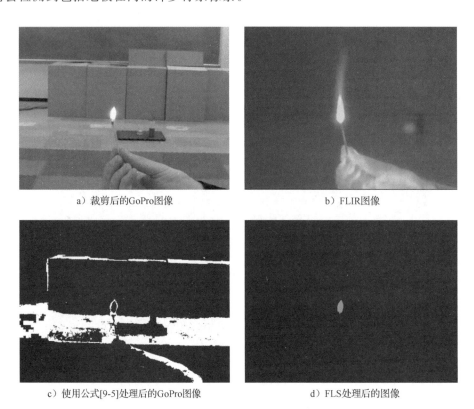

a）裁剪后的GoPro图像　　　　　　　　　b）FLIR图像

c）使用公式[9-5]处理后的GoPro图像　　　　　d）FLS处理后的图像

图 9-14　UAV MASTER 实验室测试：使用 FLS 检测火

　　这些结果表明，使用经过适当训练的 FLS 将 FLIR 数据与视觉信息融合在一起，可以产生出色的火像素检测结果。由于我们方法的计算效率高，因此可以很好地用于 SIERRA 项目中的实时应用。这样的系统将大大增强消防部门的态势感知能力。

9.5　结论与未来工作

本章介绍了使用 GA 训练两级级联 FLS 以检测火像素的过程。第一级处理视觉视频源，第二级处理 FLIR 视频源以及第一级的输出。这种方法产生了极好的结果。本章还说明了如何仅使用具有唯一值($Y'-Cb$，$Cr-Cb$，Y'_{IR})的像素来提高我们方法的计算效率，从而实现实时应用。

由于 FLS 会获取每个像素并逐一处理它们，因此它不考虑周边像素的信息。将来可以设计一种系统来纠正此问题，该系统将图像的一小部分(例如 3×3 部分)作为输入，然后对其进行训练以检测火势。

本章讨论的系统将有助于提高森林火灾中的态势感知能力。SIERRA 团队目前正在开发一种系统，它能够确定图像中像素的地面位置，可以与火灾检测算法结合使用，以获得火灾的地面位置，这将有助于消防人员更快地到达现场，帮助他们在火灾大面积蔓延之前扑灭火情。

9.6　致谢

本章来源于美国国家科学基金会授权号 IIP-1559718 项目的资助。我们还要感谢美国辛辛那提大学的 Nick Stockton 以及 Engineering & Scientific Innovations，Inc. 的 David McGinnis 及其团队，他们帮助我们在仓库内点火并拍摄了视频。

9.7　参考文献

Akbari, R. and Ziarati, K. (2011). A multilevel evolutionary algorithm for optimizing numerical functions. *International Journal of Industrial Engineering Computations*, 2(2), 419–430.

Brown, B. (2016). Unmanned aerial systems for emergency response. PhD Thesis, University of Cincinnati, USA.

Çelik, T., Ozkaramanli, H., and Demirel, H. (2007). Fire and smoke detection without sensors: Image processing based approach. *15th European Signal Processing Conference*, Poznań, Poland.

Chen, T.H., Wu, P.H., and Chiou, Y.C. (2004). An early fire-detection method based on image processing. *2004 International Conference on Image Processing ICIP'04*. IEEE, 3, 1707–1710.

Cohen, J.D. (2000). Preventing disaster: Home ignitability in the wildland-urban interface. *Journal of Forestry*, 98(3), 15–21.

Cordón, O., Herrera, F., Gomide, F., Hoffmann, F., and Magdalena, L. (2001). Ten years of genetic fuzzy systems: Current framework and new trends. *Joint 9th IFSA World Congress and 20th NAFIPS International Conference, 2001*, IEEE, 3, 1241–1246.

Deb, K., Pratap, A., Agarwal, S., and Meyarivan, T. (2002). A fast and elitist multiobjective genetic algorithm: NSGA-II. *IEEE Transactions on Evolutionary Computation*, 6(2), 182–197.

Ernest, N. and Cohen, K. (2012). Fuzzy logic clustering of multiple traveling salesman problem for self-crossover based genetic algorithm. *50th AIAA Aerospace Sciences Meeting including the New Horizons Forum and Aerospace Exposition*, Nashville, USA.

ExtremeLabVT (2014). Dense low-visibility smoke demo – visual vs. thermal-IR. Available at: https://www.youtube.com/watch?v=Gw5duDxiW0k [Accessed 8 September 2016].

Garg, S., Balaji, R., Cohen, K., and Kumar, M. (2013). A fuzzy logic based image processing method for automated fire and smoke detection. *51st AIAA Aerospace Sciences Meeting including the New Horizons Forum and Aerospace Exposition*, Dallas, USA.

Golberg, D.E. (1989). *Genetic Algorithms in Search, Optimization, and Machine Learning*. Addion-Wesley, 102.

Holland, J.H. and Reitman, J.S. (1977). Cognitive systems based on adaptive algorithms. *ACM SIGART Bulletin*, (63), 49–49.

Mathworks (2016). Fuzzy logic image processing. Available at: http://www.mathworks.com/help/fuzzy/examples/fuzzy-logic-image-processing.html?requestedDomain=www.mathworks.com [Accessed 8 September 2016].

Merino, L., Caballero, F., Martínez-de Dios, J.R., and Ollero, A. (2005). Cooperative fire detection using unmanned aerial vehicles. *Proceedings of the 2005 IEEE International Conference on Robotics and Automation*, IEEE, 1884–1889.

Miller, B.L. and Goldberg, D.E. (1995). Genetic algorithms, tournament selection, and the effects of noise. *Complex Systems*, 9(3), 193–212.

NIFC (2015). Federal fire-fighting costs report. Available at: http://www.nifc.gov/fireInfo/fireInfo_documents/SuppCosts.pdf [Accessed 8 September 2016].

Radeloff, V.C., Hammer, R.B., Stewart, S.I., Fried, J.S., Holcomb, S.S., and McKeefry, J.F. (2005). The wildland-urban interface in the United States. *Ecological Applications*, 15(3), 799–805.

Reuters (2016). Humans probably caused Fort McMurray wildfire: Canadian police. Available at: http://www.reuters.com/article/us-canada-wildfire-cause-idUSKCN0Z02OO [Accessed 3 September 2016].

Sathyan, A., Kumar, M., and Cohen, K. (2016). Genetic fuzzy logic based approach for fire detection from visual and FLIR videos, submitted for review in November 2016.

Smith, S.F. (1980). A learning system based on genetic adaptive algorithms. PhD Thesis, Pittsburgh, USA.

Venturini, G. (1993). SIA: A supervised inductive algorithm with genetic search for learning attributes based concepts. *European Conference on Machine Learning*, Springer, 280–296.

第 10 章　增材制造类小型无人机的设计、制作和飞行测试

Nathaniel RICHARDS，Justin OUWERKERK，Bryan BROWN，Kelly COHEN

10.1　什么是 3D 打印

设计和优化重型的、长航时的 UAS 并非易事。大多数重型 UAS 牺牲了飞行时间来增加有效载荷的质量（AIAA，2012）。因此，我们设计了一个重型 UAS 平台，平台将飞行 30 分钟以上，质量不到 55 磅，可以很容易地根据未来的需求进行重新配置。我们使用最先进的制造策略，结合各种流体和物理原理，设计并构建了一个满足设计要求的独特平台。该系统的开发得益于快速原型开发的轻量化最新进展，以及提升动力系统效率的新兴流体研究。

先进的原型制作系统可以打印轻质复合材料和特殊的金属零件，可以使整体框架刚好超过一公斤（Rao 和 Savsani，2012）。本章将比较这种方法与常规方法制造的零部件（例如碳纤维和板材数控切割）。这种制造方法基于先前的设计研究研发，如 Nicolai 和 Carichner（2010，pp. 77-80）所述，也借鉴了先前的成功与经验。这种设计将被证明适合将来的各种应用，并且它的模块化程度高，易于重新配置。

10.2　初步设计应考虑的因素

通常，没有满足各种特定应用需求的"万能"平台。在开发一个小型 UAV 之前，必须考虑几个因素，其中既要考虑设计的迭代更新过程，又要吸纳一些现有的商用系统。从系统工程的角度来看，关于客户和系统需求要考虑以下几个方面：

- 运行环境
- 有效载荷的大小和质量

- 最小可接受的飞行时间

- 自主飞行控制

显然，项目预算和可用资源是影响设计的其他因素。

设计或选择平台的第一步是确定动力系统：电动机、螺旋桨、电子调速器 (Electronic Speed Controllers，ESC)和电池。选择平台的动力系统和电子设备的要求是，能够优化项目要求中明确规定的性能目标。例如，如果大家认可的飞行时间为 15 分钟，则没有理由去携带一个外框尺寸有 1000mm 的 GoPro 相机。

动力系统的设计与有效载荷的大小和质量直接相关。电动机制造商就工作电压、最大电流消耗和螺旋桨列出一些重要的规格选项，还有几种螺旋桨和电池搭配的推力数据。获得这些数据，再加上飞机的总质量和电池容量信息，设计人员就能够估计飞行时间。互联网提供的小型软件工具，如 eCalc(Muller，2017)能够采集制造商和第三方的测试数据，据此就可以估计飞行器性能和飞行时间。但是，这些工具应仅在初始设计中使用，它们不能替代重要的过程——动力系统测试。

选择了动力系统组件后，设计人员将对无人机的尺寸有一个大致的了解。机架设计、结构材料考量和机身组装将在以下各节中详细介绍。

10.3　使用增材制造的动机

随着小型且具有成本效益的 3D 打印机出现，增材制造现已经变得易于研究人员、学生和业余爱好者使用。增材制造于 2015 年在 UAV MASTER Lab 首次用于小型 UAV 的快速原型制作。本章的合著者之一探讨了使用 3D 打印设计、制造小型多旋翼 UAV 无人机框架和飞行的过程，该框架全部使用 3D 打印制作(Richards 等，2015)。作为大学二年级学生，他具备 CAD 软件入门级的基础知识，制作了第一版完全 3D 打印的八旋翼无人机(具有八个旋翼的多旋翼平台)机身，如图 10-1 所示。

这种大小的八旋翼无人机框架尚未在市场上出售，实验室对八旋翼无人机平台的容错控制研究潜力感兴趣。他们不在大型且更昂贵的无人机上测试，而是选择设计这种较小的无人机，它可以舒适地在 UAV MASTER Lab 室内的网状测试区域内飞行。虽然无法大规模打印整架无人机，但是经过精心设计的小型八旋翼无人机的每个组件都可以在小型打印床上打印。第五代 MakerBot Replicator 使用 PLA 塑料打印无人机机臂、中心板和起落架。叉形臂专为减轻质量而设计，比传统的轮辐设计更轻巧，叉形臂无人机只有四个固定点，传统的有八个固定点。

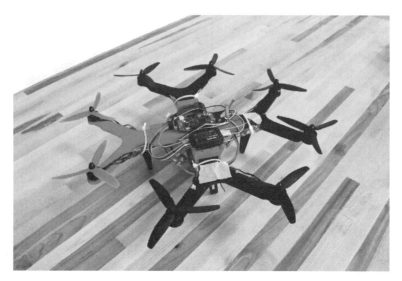

图 10-1   3D 打印八旋翼无人机框架（含飞行电子设备）的概念验证

MakerBot 打印机使用熔融沉积模型（Fused Deposition Modeling，FDM）技术，材料是 PLA 和 ABS 等塑料做成的塑料丝。首先，将长丝加热，然后通过喷嘴头挤出，最后分层沉积。FDM 是消费级 3D 打印机中最常见的打印技术，因为与树脂或金属打印机相比，机器和灯丝相对便宜且易于使用。

10.4   使用增材制造的设计

10.4.1   Vesper

根据先前在 FDM 打印机上的经验，作者开发了一个名为 Vesper 的 UAS 系统。框架组件专为 FDM 打印机设计。Vesper 平台（见图 10-2）是为封闭的室内导航和建图模式开发的。首先选择平台尺寸，要考虑的因素包括有限的飞行条件、感测载荷的包装尺寸和飞行器的质量。

该系统的有效载荷旨在为各种新兴应用提供导航和建图服务。机载组件包括定位用的超声波和 LIDAR 传感器、成像用的小型相机、稳定性控制的专用 Pixhawk 飞行控制器以及用于机载计算的 Raspberry Pi。其中，LIDAR 传感器本身就是传统的 250mm

FPV 四旋翼的尺寸和质量，这是一项重大的设计挑战。

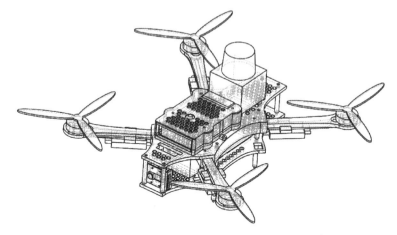

图 10-2　装载 LIDAR 传感器载荷的 Vesper 平台

　　Vesper 最初仅使用 3D 打印材料构建，因此可以快速进行原型制作和设计迭代。项目工程师检查了初始设计，确定了小型无人机系统使用 FDM 材料作为主要结构材料的可行性。对无人机进行了生命周期测试，采用的方式包括数小时的使用以及轻微的冲击破坏，测试导致塑料层脱层。这是材料刚度不足和推进系统引起的框架振动两个因素的"副产品"导致的。电动机底座是承受高振动负荷的组件，需要在日常维护中更换。

10.4.2　HEAV

　　再次用 FDM 打印技术来验证更大的重型、长航时飞机（HEAV）的设计概念。该平台设计框架直径大于 1 米，飞行时间至少 25 分钟，承载 3kg 的最大有效载荷。在传感器配置上，它将设计成具有 30 分钟以上的动态飞行时间，用来执行诸如对象检测、定位与分类（Object Detection，Localization and Classification，ODLC）以及自主航点导航任务。项目小组还设计了一个定制的地面控制站（GCS）用于控制飞行模式并接收遥测数据，这不在本章讨论范围之内。对当前各种市售的、现有的平台详细调查后，采用了无纸化设计。

　　我们通过市场调查收集了一些出色的功能设计，并吸纳到我们的设计中，图 10-3 和图 10-4 展示的平台就是启发我们的两项先进技术。这些平台是实践行业的优秀产物，也展示了进一步优化它们的方法和途径。显然，设计本项任务的无人机系统，可以仅使用 PLA 和 ABS 塑料，不需要 FDM 打印材料。就像好木匠会一直带着锤子一样，FDM 塑料会继续存在整个项目中，只是在另一个方面。简单的塑料既可用于概念证明，也可以制作各种测试零件，验证整体设计的可行性。3D 打印仍将是本项目设计周期的核心，还要扩展技术，使用各种奇特的材料和尖端的 FDM 打印机，详细信息请参见图 10-5。

图 10-3　Tarot T-15 框架——一种稳定的专业品质传感器平台

图 10-4　用于激发灵感的 Gryphon Dynamics X-8 平台

由于平台尺寸较大，考虑到强度和质量，3D 打印整个框架明显不可行。碳纤维板是一种硬度更高、质量更轻的材料，适合制造扁平部件，可以用它解决初始平台遇到的主要问题，即由于谐波负载导致的材料脱层。由于 FDM 打印的分层特性，机架的谐波振荡会导致材料开裂并引发故障。这是标准 FDM 材料带来的副作用，虽然 PLA 和 ABS 塑料生产的零件具有相当高的拉伸强度，但在振动和受热情况下很容易分层。早期进行了充分的模块化设计，零件分层后非常容易更换。把分层零件更换当作常规维护执行，FDM 材料副作用的问题因此得到了缓解。

图 10-5　HEAV 设计的迭代过程

对于 HEAV 平台而言，这仍然是不可接受的故障，因此，我们现已经将碳板纳入底板模式的最终设计。联系了辛辛那提大学设计研究院（The University of Cincinnati's Design Research Institute，UCRI），请他们担任新兴 3D 打印技术的顾问。与 UCRI 合作后可以使用奇特的打印技术，包括碳纤维和凯夫拉等材料。这些增材制造技术可设计出高度健壮且独特的 UAS 平台，适用于各种不同的任务。

每次设计迭代，开发的组件都要在最大设计负载下测试组件的静态挠度。这样可以确保无论选择哪种推进系统，平台在负载下的偏转都将最小。因此，也可以计算零件的生命周期，验证它们能否承受这些推进系统产生的大幅振动。图 10-5 展示了 HEAV 设计的演变过程。经过多次迭代，无人机质量从 2.5 千克减少到大约 1.6 千克，全部使用了 3 毫米厚的碳板。

HEAV 的电机底座设计之初是两块铝制研磨件，每个臂的末端都制作成棒棒糖状，如图 10-6 所示。利用 CAD 中的材料特性，我们很快发现该设计对于它的预期用途而言太重，而结构上却过于坚固。这两个铝制零件用平台臂上下端安装的两根碳纤维所代替。简化后的系统主要依靠夹紧力，每个板都用螺纹支脚作为垫盘（见图 10-7）。

围绕平台的主板作了进一步的升级设计，包括将配电板合并到板结构的中心。这种结构可使用集中式动力系统，减少了接线和连接器数量（见图 10-8）。Gryphon Dynamics PDB 已经集成到分层组件中，并且只需使用四个螺钉即可安装，从而可以从顶部进入主板。如图 10-8 所示，较大的孔可用于接入直通安全连接器，臂也可以从平台卸下来单独存放。平台可以安放在尺寸为 20″×12″×60″ 的大型 Plano 密封箱中，实现了安全的存储和运输。机架可容纳三个 6S Multistar 20Ah 电池，这些大型（60mm×

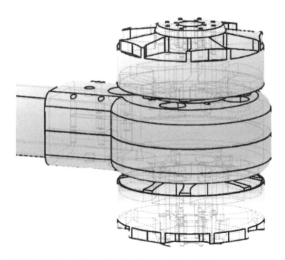

图 10-6　HEAV Mk1 采用"棒棒糖式"电机底座和 U10 RC Tiger 马达

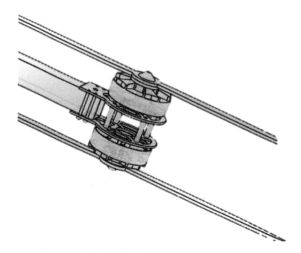

图 10-7　修改后带碳纤维电机底座的 Mk1 臂

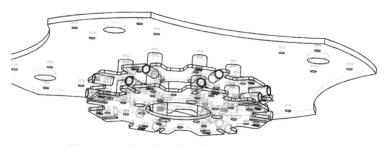

图 10-8　可实现清洁集中供电系统的分层配电板

90mm×200mm)电池将在预期的飞行时间内提供良好的动力。臂选择了六边形的横截面，因为其变形低于八边形，我们可以在臂内安装电子调速器(ESC)，以保持更整洁的外观。

完成大多数设计优化后，最后一部分难题就是起落架。由于飞行质量约为 29 磅，大多数商用系统都不适合直接拿过来用。我们研究了包括弹簧增强的软着陆系统等各种概念设计，最终使用了一种由碳纤维和尼龙制成的滑雪式起落架系统。碳纤维滑雪板通过 3D 打印的尼龙块连接到底部电池板。HEAV 平台的最终设计如图 10-9 所示，完整 CAD 组件如图 10-10 所示。

图 10-9　HEAV 平台的最终设计(含动力系统、飞行控制器和机载传感器阵列)

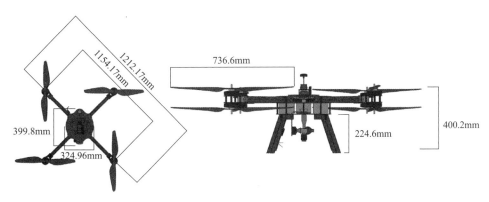

图 10-10　HEAV 平台的完整 CAD 组件

经过数月的设计迭代，使用最新的 3D 打印技术生产了高度优化的平台来验证设计。事实证明，此过程是生产早期概念模型的廉价而有效的方法，这些模型对于克服无数小设计问题至关重要。如果这些小问题在开始生产碳板后遇到，代价可能非常昂贵。

上述平台代表了使用 3D 打印制作无人机系统的最佳模型。在 HEAV 平台的设计生命周期中，这种无人机设计的最佳模型再次发生了变化。一次又一次地证明，所有模型都是错误的，但有用——它们是将来所有系统改进的基础。

10.5 特殊材料

最终的设计迭代中使用 PLA 零件生产了装配组件，以便用较低的费用快速检查尺寸。我们看到了一个加工中出现的故障：夹具使得应力集中的中线始终断层。这是由零件承受的恒定夹紧力和它的总体刚度决定的，因为零件是由基础塑料制成的。解决这个问题的一种简单而有效的方案是旋转零件，如图 10-11 所示。通常，希望哪一面边缘平坦光滑，就将这一面放在平台上，因为打印机的加热底座将确保该侧面光滑且水平。把零件翻转 90 度改变塑料层的方向，并使这个新方向垂直于总的反向载荷。这种微妙的变化使得需要后处理的零件极少，却明显提高了零件的使用寿命和负载特性。请注意，这些仅限于组装目的，平台飞行时从未在承力的结构件上使用 PLA 或 ABS 零件。在探索与 UCRI 的新型关系时，我们开始使用他们的高级 3D 打印机。

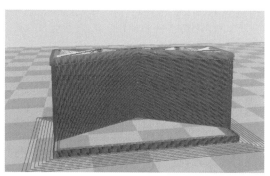

图 10-11　左侧显示由于纤维分层方向引起的分层失效。通过修改设计，根据不同的分
　　　　　层模式旋转置于打印机底座上的部件可以缓解此问题

设计中使用了由 Markforged Mark Ⅱ 打印机生产的特殊材料。这款 3D 打印机可通过使用高强度材料(例如碳纤维、凯夫拉纤维和玻璃纤维)增强打印质量，它打印的零件在 FDM 领域内具有无与伦比的强度和耐用性。使用这些高拉伸强度的单向纤维作为增强材料，打印机可以用挤出尼龙作为基础材料。尼龙为设计的零件提供了机械性能，而

使用标准的 FDM 塑料 PLA 和 ABS 则不具有这种机械性能。尼龙能够生产出坚固而柔韧的零件。但是，由于尼龙具有吸湿性，它会吸收空气中的湿气，因此这种材料在飞行环境方面具有很高的特殊性。缓解湿度的问题要求我们短时间内掌握很多新技能，最终对细丝的使用和存储过程进行了改进，增强了细丝的密封性。尼龙提供优异的机械性能，它制成的零件能够吸收推进系统和坚硬的碳底盘产生的谐波载荷，延长了设备的寿命。使用类似的策略——在塑料层方向进行分层固定，我们以非常规的方向打印零件，产生了与夹持力垂直的层，如图 10-12 所示。这些单向增强层为夹紧零部件提供主要支撑，被证明可以延长零件的使用寿命。

图 10-12　沿夹持力方向使用玻璃纤维增强材料的尼龙夹具

10.6　参考文献

AIAA (2012). Aerospace research central [Online]. Available: https://arc.aiaa.org/.

Muller, M. (2017). eCalc RC Calculator [Online]. Available: https://www.ecalc.ch/.

Nicolai, L.M. and Carichner, G.E. (2010). *Fundamentals of Aircraft and Airship Design V 1 – Aircraft Design*. Springer.

Rao, R.V. and Savsani, V.J. (2012). *Mechanical Design Optimization Using Advanced Optimization Techniques*. Springer.

Richards, N., Brown, B., and Cohen, K. (2015). Design of a 3D-printed octocopter. *40th Dayton-Cincinnati Aerospace Sciences Symposium*, Dayton.

第 11 章　遗传模糊系统在无人机
复杂任务分配中的应用

Nicholas Ernest，Anoop Sathyan，Kelly Cohen

由于模糊逻辑可以用作泛逼近器，同时也具有非线性的特点，因此被广泛地使用。不过对于具体应用，模糊逻辑要想有效地工作，必须反复进行大量的试验，获得最好的一组隶属函数和规则库。使用启发式搜索算法——如遗传算法(GA)可以简化这个过程。在本章，遗传模糊逻辑将被用来解决多无人机协作中的任务分配，我们把这个问题归类为多边形区域的多旅行商问题(Polygon Visiting Multiple Traveling Salesman Problem，PVMTSP)。PVMTSP 有很多应用场景，其中包括无人机群的路径规划。在此讨论一种专用于解决 PVMTSP 问题的遗传模糊聚类方法，结果表明这种方法与 k-均值聚类和 c-均值聚类相比效率会更高。还讨论基于遗传模糊逻辑的两种不同算法：一种算法是通过评估每个 UAV 飞行的距离，按照覆盖的范围对搜索空间进行聚类；另一种方法使用代价函数代替飞行距离，从而减少计算时间。本章对这两种方法进行互相比较，也同模糊聚类的基准算法进行比较。继而讨论了算法在目标数量增加后的可扩展性。比较算法结果时使用了大多边形和小多边形。

11.1　引言

近来，在硬件和实时运行两个方向上产生了很多技术进步，使我们能够将智能技术引入到航空航天系统设计中，推动许多重要应用不断前进，这些应用包括推进系统(Vick，2010)、卫星姿态控制系统(Walker 等，2013)和无人机群的协同控制(Ernest 等，2013a，b)。利用实时收集的传感器信息构建地图信息，再融合动态系统模型以及飞行、环境数据库，形成一组控制动作和决策，这些控制动作和决策需要高效计算，面对不确定性和噪声时要具备健壮性，可扩展并适应任务的动态变化，同时遵守特定应用程序的所有限制。基本方法是充分利用可用资源，以获得最佳结果。我们正在寻求高性能、健壮的和可扩展的最佳方案。

智能系统越来越受到关注（Vick，2010）。模糊逻辑系统就是这样一种智能系统，它将成为本研究的基石。这是一种非线性系统设计技术，具有显著的优势，尤其体现在设计灵活性、通用逼近器属性以及可与诸如 GA 优化方法结合方面。模糊系统有两个优异的性能，一是可以结合专家技能或启发式知识，二是可以在运行空间的局部范围内调整行为，这使它成为许多应用必不可少的控制设计工具。模糊逻辑系统还具有基于知识的属性，因此拥有健壮性，使其成为随机系统的理想候选者。控制设计人员面临的主要挑战之一是调整隶属度函数和启发式方法。从模糊输入和输出集到控制规则库，模糊逻辑控制器可以使用多种处理方式来影响性能。

本章讨论了针对 PVMTSP 问题的遗传模糊聚类技术，与 k-均值和 c-均值聚类相比效率更高。我们使用遗传模糊逻辑开发了两种不同的算法。一种技术使用各无人机所覆盖的距离，通过将凸包上的目标移动到其他聚类来聚类搜索空间，直到所有聚类距离都具有几乎相等的值。另一种算法使用近似覆盖距离的代价函数，这有助于减少计算时间。我们对两种方法进行了相互比较，还把它们同当前最新的基准模糊聚类算法进行比较。本章还讨论了我们的算法在增加目标数量方面的可扩展性。使用了大、小多边形比较算法的结果。

在无监督学习的情况下，遗传模糊逻辑比其他技术（如也用于调整模糊控制器的自组织模糊逻辑）有优势。自组织模糊控制器根据期望的响应来学习控制系统。为了训练自组织模糊控制器，需要创建一个功能集（即输入-输出对）。对于遗传模糊逻辑，遗传算法可通过使适应度函数最小化来调整模糊参数。有些应用可以将设计要求定义为数学上的函数，在这些应用中，使用遗传模糊方法比自组织模糊控制更直接。PVMTSP 就是这样一种应用，其要求是使最大距离最小化，因此遗传模糊逻辑更适合。

PVMTSP 在无人机群路径规划中找到了应用：许多无人机从一个机库出发，协同覆盖所有目标，然后返回该机库。如图 11-1 所示，此类问题中的多边形是给无人机指定的可见区域。它们通过以下方式创建：围绕目标构建一个球体，球体半径为无人机上传感器的感应距离或机载武器的射击距离，移除被障碍物或地形阻挡的球体部分，并将飞机切成某一恒定高度。我们广泛研究了 PVMTSP 的简单变体，即 TSP 和 MTSP，它们被认为是最困难的决策问题之一。用多边形替换目标使 PVMTSP 问题变得更加复杂。

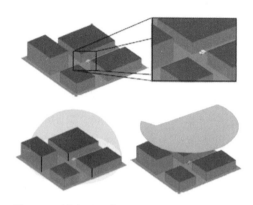

图 11-1   创建可见多边形（Obermeyer，2010）

无人机的自主路径规划技术也可用于众多航空航天领域。远程控制无人机群的通信受到带宽和安全性约束，也受到训练有素的飞行人员数量的限制。PVMTSP 提出了对无人机群进行实时控制的路径规划问题，它还可以作为多个远程控制无人机群的任务计划工具。

求解 TSP 问题的主要限制因素之一是该技术的可扩展性，即随着目标数量 n 的增加，其性能如何。对于大多数算法，计算时间随 n 的增加呈指数增长。Lin 和 Kernighan（1973）提出了一种启发式方法，该方法产生的近似最优解的计算时间与 n^2 成正比。此过程通常称为 Lin-Kernighan（LK）方法，是一种通用方法，目前已经成功解决各种问题。其他求解 TSP 问题的技术包括在 GA 中使用新的变异算子（Albayrak 和 Allahverdi，2011）、并行化的遗传蚁群系统（Chen 和 Chien，2011）和边缘集合交叉（Nagata 和 Soler，2012，Nagata，1997）。

MTSP（Multiple Traveling Salesman Problem，多旅行商问题）的解主要取决于聚类算法的有效性。很多学者对 MTSP 以及它的各种变体进行了研究，包括车辆路径问题（Vehicle Routing Problem，VRP）。在先前的一项工作中（Sathyan 等，2015a），使用 k-均值对目标进行聚类，然后应用两元素优化（2-opt）求解单个 TSP。由此，在最大距离和计算时间方面，产生了一种高性能的算法。结果表明，与直接应用 GA 求解 MTSP 相比，聚类优先方法绝对是很大的改进。Golden 等（1997）提出了一种启发式搜索方法，包括求解 VRP 的禁忌搜索和自适应记忆过程。Christopher 等（1981）展示了另一种使用树搜索算法的方法，该方法利用最短生成 k 度中心树（k-DCT）和 q 路径计算出下界，然后通过合并多个下界进行搜索求解。结果表明，从 q 路径得出的边界优于从 k-DCT 得出的边界，并且可以精确地求解多达 25 个用户的 VRP 问题。Kivelevitch 等（2011）提出了一种方法，该方法使用了模拟经济市场，其中智能体（无人机）可以交换信息，以赢得当前场景下的任务，并最终求得 MTSP 的解。智能体努力使所需的代价最小化，代价的定义为所有智能体行进的总距离或任一智能体行进的最大距离。结果表明，基于市场的解（Market-Based Solution，MBS）既快速又接近最佳解，并且能够应对环境的变化。Kivelevitch 等（2012）讨论了 MTSP 的 MBS 解的扩展性问题，即对于多车场 MTSP（Multiple-Depot MTSP，MDMTSP）的最小-最大变体问题，MBS 在应用于较大问题时的性能如何。

Mitchell 等（2013）对求解改进的 TSP 问题的模糊优化和遗传模糊方法进行了比较。监视环境中随机放置多个目标，目的是找到一条最短路径，在该路径中，目标与每个目标区域至少接触一次，再返回其起始位置。先利用遗传算法获取路径，再对路径进行模糊优化，最终完成了任务。结果表明，模糊优化法可以找到更短的路径。然后修正这个解，使它符合 Dubins 曲线要求。

Ernest 和 Cohen（2012）开发了一种基于 GA 和模糊推理系统（FIS）的方法，用于求取 TSP 变体的路径解，这个 TSP 变体问题就是被称为多车场多边形目标区域的 Dubins 多旅行商问题（Multi-Depot Polygon Visiting Dubins Multiple Traveling Salesman Problem，MDPVDMTSP）。通过混合使用多种控制技术证明了这个方法的有效性，它有效地估计了在恒定高度、恒定速度、二维情况下无人机群遇到的路径规划和可见性问题（Ernest 等，2013b），获得了 TSP 复杂变体的近似解，这个变体更精确地命名为多目标最小-最大多车场多边形目标区域的 Dubins 多旅行商问题（Multi-objective Min-max Multi-depot Polygon Visiting Dubins Multiple Travelling Salesman Problem，MMMPVDMTSP）。这些技术的使用方式是先从顶级视图检查问题，然后进入下一级之前将其完全近似。虽然，在问题的几乎每一级都使用迭代方法，但每级只能求解一次。为此，必须做适当的假设和概括，即使是如此复杂的问题，也可以将其代价降到最低，并大大减少执行时间。Sabo 等提出了针对 VRP 变体的解，它最大限度地缩短了所有目标等待揽取和派送所需的总时间（Sabo 等，2014）。结果表明，启发式算法可实时提供接近最佳的结果，因此可用于大型问题。

遗传模糊逻辑主要用于调整不同类型的隶属度函数。三角形隶属度函数由三个顶点的 x 坐标定义。对称三角形隶属度函数可以使用三角形底边的中心及其宽度来定义。高斯隶属度函数使用平均值（中心）和标准偏差定义。Hosseini 等（2012）使用 GA 调整由高斯隶属度函数组成的 FIS。GA 可以用来调整高斯隶属度函数的参数，方式如同调整三角隶属度函数一样。

Cordon 和 Herrera 提出了遗传模糊系统(GFS)，示意图如图 11-2 所示，图中显示了 GA 在 FLC 知识库构建中的使用情况(Cordón 和 Herrera，1995)。Surmann 等提出了一种使用遗传算法训练输入和输出隶属度函数的自动设计方法(Surmann 等，1993)。Lee 介绍了三种针对高维问题进行自动设计的模糊系统结构和方法(Lee，1995)。结果表明，在系统的最终性能和搜索算法的性能方面，实数编码算法始终优于二进制编码算法。所有情况表明，非对称三角形模糊系统始终比超椭圆形和对称三角形(shared triangular)的改进更快。

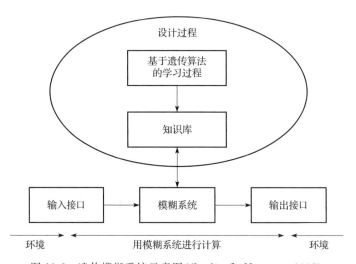

图 11-2 遗传模糊系统示意图(Cordón 和 Herrera，1995)

聚类算法是影响计算时间的主要因素，因为每迭代一次该算法都要对距离进行评估(Sathyan 等，2015b)。可以使用与覆盖距离成比例的代价函数来减少计算时间。Beardwood 等(1959)对通过区域 A 内的 n 个点的最短路径提出了以下近似值：

$$\mathrm{VRP} \approx k\sqrt{An} \qquad [11\text{-}1]$$

比例常数 k 仅取决于空间的维数，与区域的形状无关。Figliozzi 研究了 VRP 平均长度的近似值(Figliozzi，2008)。他研究了以下六个近似值，其中 A 是地图的面积，r 是机库与目标之间的平均距离。参数 k_l，k_b 和 k_m 采用线性回归估算：

$$\mathrm{VRP} \approx k_1\sqrt{An} + 2rm \qquad [11\text{-}2]$$

$$\mathrm{VRP} \approx k_1\frac{n-m}{n}\sqrt{An} + 2rm \qquad [11\text{-}3]$$

$$\mathrm{VRP} \approx k_1 \sqrt{An} + 2k_m m \qquad [11\text{-}4]$$

$$\mathrm{VRP} \approx k_1 \frac{n-m}{n} \sqrt{An} + k_m m \qquad [11\text{-}5]$$

$$\mathrm{VRP} \approx k_1 \sqrt{An} + k_b \sqrt{\frac{A}{n}} + 2k_m m \qquad [11\text{-}6]$$

$$\mathrm{VRP} \approx k_1 \frac{n-m}{n} \sqrt{An} + k_b \sqrt{\frac{A}{n}} + k_m m \qquad [11\text{-}7]$$

结果表明，随着机库和派送区域之间的距离增加，近似的准确性也随之增加。

11.2　问题描述

我们在本章建议使用遗传模糊逻辑来求解 PVMTSP 问题。在 PVMTSP 中，目标不像传统的 TSP 那样用点表示，它的目标都是由多边形定义的区域。这种方法的性能指标包括计算时间以及完成任务的最短时间。

令 $N = \{1,2,3,\cdots,n-1,n\}$ 为定义目标的索引集，m 为无人飞行器的数量，d_{ij} 为第 i 个目标与第 j 个目标之间的距离。一共 n 个目标，每个目标都定义为由边界上的 k 个点确定的多边形，如下所示，其中 $p_{ij} = (x_{ij}, y_{ij})$：

$$
\begin{aligned}
&P_1 : \{p_{11}, p_{12}, p_{13}, \cdots, p_{1k}\} \\
&P_2 : \{p_{21}, p_{22}, p_{23}, \cdots, p_{2k}\} \\
&P_3 : \{p_{31}, p_{32}, p_{33}, \cdots, p_{3k}\} \\
&\qquad\qquad\vdots \\
&P_n : \{p_{n1}, p_{n2}, p_{n3}, \cdots, p_{nk}\}
\end{aligned}
\qquad [11\text{-}8]
$$

令 $n_1, n_2, n_3, \cdots, n_m$ 为分配给各个无人机的目标数量。这表明：

$$n_1 + n_2 + n_3 + \cdots + n_m = n \qquad [11\text{-}9]$$

设 $T_1, T_2, T_3, \cdots, T_m$ 分别定义为 m 架无人机的巡回路线，其中不包括机库。实际行程从机库开始，到机库结束。t_{ij} 是指分配给目标的唯一索引：

$$
\begin{aligned}
&T_1 : \{t_{11}, t_{12}, t_{13}, \cdots, t_{1n1}\} \\
&T_2 : \{t_{21}, t_{22}, t_{23}, \cdots, t_{2n2}\} \\
&T_3 : \{t_{31}, t_{32}, t_{33}, \cdots, t_{3n3}\} \\
&\qquad\qquad\vdots \\
&T_m : \{t_{m1}, t_{m2}, t_{m3}, \cdots, t_{mnm}\}
\end{aligned}
\qquad [11\text{-}10]
$$

所有路线的并集应等于目标集合 N，并且任何一个路线都不应有任何共同的目标：

$$T_1 \bigcup T_2 \bigcup T_3 \bigcup \cdots \bigcup T_m = N \qquad [11\text{-}11]$$

$$T_1 \bigcap T_2 \bigcap T_3 \bigcap \cdots \bigcap T_m = \{\phi\} \qquad [11\text{-}12]$$

路线中的每个索引都应分配给相应多边形上的一个点，以使总距离最小。目标是使任务时间 t_M 最小化：

$$\text{minimize} \quad t_M \qquad [11\text{-}13]$$

任务时间与各无人机之间最大距离的最小值成正比：

$$D_{\max} = \max_q (D_q) \qquad [11\text{-}14]$$

D_q 是第 q 架无人机所涵盖的距离。因此，目标可以改写为（Sathyan 等，2015a）：

$$\text{minimize} \quad D_{\max} = \max_q (D_q) \qquad [11\text{-}15]$$

这表明 PVMTSP 是一个最小-最大优化问题。四架无人机从一个公共机库起飞，覆盖 200 个目标，这些目标分布在 1000 个单位×1000 个单位的空间内，并在最短的时间内返回到该机库。多边形半径假定为 10 个单位。用遗传模糊方法对四个无人机之间的目标进行聚类，以便每个无人机可以覆盖几乎相等的距离。图 11-3 显示了 PVMTSP 的一个解。

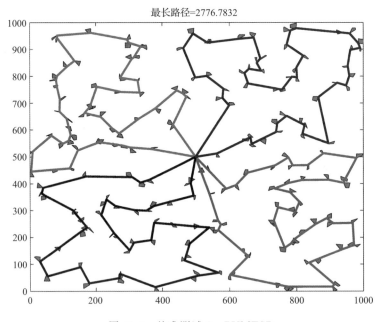

图 11-3　基准测试 2：PVMTSP

假设

- 假设问题是对称的，即从 A 到 B 的距离与从 B 到 A 的距离相同：

$$d_{ij} = d_{ji} \ \forall \ i,j \in N \qquad\qquad [11\text{-}16]$$

- 假设三角不等式成立：

$$d_{ij} + d_{jk} \geqslant d_{ik} \ \forall \ i,j,k \in N \qquad\qquad [11\text{-}17]$$

- 仅考虑二维运动，即每个无人机以恒定的高度飞行。
- 所有无人机以相同的速度飞行。这使得无人机完成巡回路线所花费的时间与所覆盖的距离成比例：

$$t_q \propto D_q \qquad\qquad [11\text{-}18]$$

- 目标数量大于无人机数量：

$$n > m \qquad\qquad [11\text{-}19]$$

- 无须空中滞留。
- 两个目标之间的路线就是连接它们的线段。
- 不考虑避撞。无人机可以在不同的高度飞行。
- 无人机不需要转弯半径，因此可以忽略 Dubins 路径。
- 无人机只需要边界触及多边形，而不必进入它们。
- 无人机对燃料没有任何限制。因此，无人机具有无限飞行范围。

11.3　研究方法

11.3.1　模糊聚类方法

模糊聚类方法(Fuzzy Clustering Method，FCM)是先前工作(Ernest 等，2013b)方法的一部分，该方法类似于使用聚类优先方法求解 PVMTSP。此处，考虑将机库和目标之间的角度用于聚类而不用笛卡儿坐标。对于本问题，忽略了半径测量。聚类 FIS 对目标的正确聚类会产生一个初步猜测。

计算这个初始估计的凸包，然后通过加性 FIS(一次分析单个目标)完善解。分析每个凸包，并计算其相对目标数量和目标密度。然后，FIS 在各聚类之间交换点，以实现各聚类的密度大小相等且最小。对每个聚类统计这两项信息，如果聚类彼此处于某个阈值之内，就结束点交换过程。

为了确定无人机将飞抵多边形上的哪个点，使用一种简单的算法来迭代多边形每一侧的多个点。当前多边形上的点与前、后多边形所选点连接成两条线段，迭代算法就可以优化两条线的组合长度，如图 11-4 所示。对路线迭代三遍，此时解收敛。然后，用 LK 算法求解各无人机的单 TSP 点。

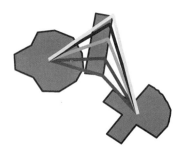

$$距离 = \sqrt{(y_{i,n} - y_{i-1})^2 + (x_{i,n} - x_{i-1})^2}$$
$$+ \sqrt{(y_{i+1} - y_{i,n})^2 + (x_{i+n} - x_{i,n})^2}$$

图 11-4　多边形取点

11.3.2　遗传模糊聚类方法

在之前的工作（Sathyan，Boone 和 Cohen，2015）中，我们使用了 k-均值的优先聚类方法，然后应用 2-opt 算法求解单个聚类，从而获得了较高的性能。但是，k-均值甚至模糊 c 均值是纯粹的距离优化聚类算法，没有针对 MTSP 进行适当的优化。

在遗传模糊聚类方法（Genetic Fuzzy Clustering Method，GFCM）中，FIS（Sathyan 等，2015a）将目标分为四个聚类，每个聚类使用 TSP 求解器（如 LK 方法）求解。使用图 11-4 所示的技术方法找到各多边形上的最佳接触点。聚类中的 FIS（Boone 等，2015）有两个输入，ChangeMaxMinusMin 和 ChangeDistance 分别是最大距离减去最小距离的变化和由于换点而导致的最大距离的变化（以百分比衡量）。使最长距离最小化是该算法的总体目标，但是"最大减去最小"距离是当前解与最优解接近程度的重要衡量指标。在理想的聚类中，最大减去最小距离将为零。FIS 的输出是隶属等级，它描述特定点移动的可能性。隶属度函数假定为宽度相等的对称三角形。

GA 用于确定两个输入的隶属度函数的宽度。GA 还可用于调整规则库以获得规则的最佳组合，从而最大限度地降低代价函数。为了获得隶属度函数，GA 调整了一个向量 $\boldsymbol{M}$，该向量 $\boldsymbol{M}$ 具有四个元素。$\boldsymbol{M}(1)$ 和 $\boldsymbol{M}(2)$ 分别是两个输入 ChangeDistance 和 ChangeMaxMinusMin 的取值范围。$\boldsymbol{M}(3)$ 和 $\boldsymbol{M}(4)$ 表示两个输入隶属度函数的宽度，如图 11-5 所示。通过调整向量 $\boldsymbol{R}$ 获得规则库，向量 $\boldsymbol{R}$ 由 10 个元素组成，包括五个规则及

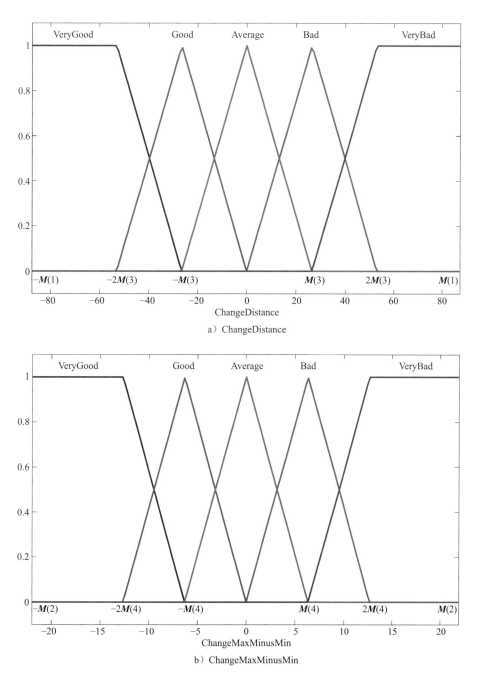

a）ChangeDistance

b）ChangeMaxMinusMin

图 11-5 调整两个输入参数的隶属度函数

其相应的权重。$R(1)$~$R(5)$代表规则，取值是 1~5 之间的整数。$R(6)$~$R(10)$代表每个规则的权重，取值范围是 0~1。因此，规则库设置如下，方括号中显示的是每个规则的权重：

- 如果 ChangeDistance 为 VeryGood 或 ChangeMaxMinusMin 为 VeryGood，则 MemGrade 为 $R(1)$$[R(6)]$。

- 如果 ChangeDistance 为 Good 或 ChangeMaxMinusMin 为 Good，则 MemGrade 为 $R(2)$$[R(7)]$。

- 如果 ChangeDistance 为 Average 或 ChangeMaxMinusMin 为 Average，则 MemGrade 为 $R(3)$$[R(8)]$。

- 如果 ChangeDistance 为 Bad 或 ChangeMaxMinusMin 为 Bad，则 MemGrade 为 $R(4)$$[R(9)]$。

- 如果 ChangeDistance 为 VeryBad 或 ChangeMaxMinusMin 为 VeryBad，则 MemGrade 为 $R(5)$$[R(10)]$。

这个遗传模糊方法的流程图如图 11-6 所示。此流程图的模糊逻辑聚类块的扩展形式如图 11-7 所示。

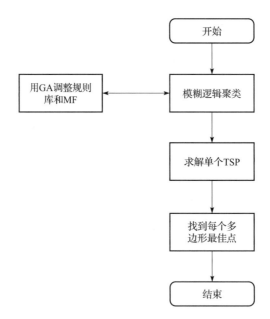

图 11-6　求解 PVMTSP 问题的遗传模糊聚类方法流程图

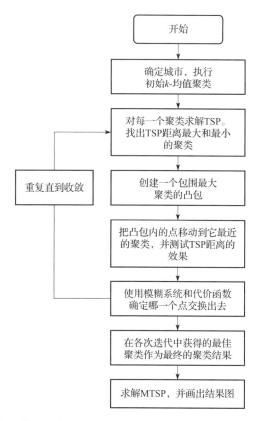

图 11-7　遗传模糊聚类方法中的模糊逻辑聚类流程图（Boone 等，2015）

11.3.3　使用近似代价函数的遗传模糊聚类方法

尽管遗传模糊聚类方法在最大距离方面给出了良好的结果，但它的计算时间更长（Sathyan 等，2015a）。聚类算法评估各无人机在每次迭代过程中所覆盖的距离，并尝试通过在无人机之间调换目标来使距离相等。每迭代一次，LK 算法被调用 m 次。这使得计算时间更长。因此，可以使用计算上更易于估算的代价函数来减少计算时间。对 Beardwood 等（1959）使用的代价函数进行了修改，以解决多边形区域的问题：

$$C_q = \sqrt{n_q(S-P)} \qquad\qquad [11\text{-}20]$$

其中 n_q、S 和 P 分别是第 k 个聚类的目标数量、凸包面积和被多边形覆盖的总面积。

11.4　实验结果

我们在配置 Intel i3 2.3GHz 处理器和 4GB RAM 的笔记本电脑上运行 MATLAB 获

得了所有的结果。

使用 GA 调整后获得的规则库如下：

- 如果 ChangeDistance 为 VeryGood 或 ChangeMaxMinusMin 为 VeryGood，则 MemGrade 为 VeryHigh[0.9920]。

- 如果 ChangeDistance 为 Good 或 ChangeMaxMinusMin 为 Good，则 MemGrade 为 Good[0.9938]。

- 如果 ChangeDistance 为 Average 或 ChangeMaxMinusMin 为 Average，则 MemGrade 为 Average[0.9925]。

- 如果 ChangeDistance 为 Bad 或 ChangeMaxMinusMin 为 Bad，则 MemGrade 为 Bad[0.9953]。

- 如果 ChangeDistance 为 VeryBad 或 ChangeMaxMinusMin 为 VeryBad，则 MemGrade 为 VeryBad[0.9961]。

调整后获得的隶属度函数如图 11-8 所示。所得结果与模糊聚类方法（Ernest 等，2013b）进行比较，列于表 11-1 中。表 11-1 还显示了使用公式[11-20]的近似代价函数获得的结果。表格中显示的值是针对两种不同的多边形半径执行 100 次代码获得的平均值。测试中使用了"小"和"大"两类多边形。小多边形和大多边形分别指半径为 10 个单位和 30 个单位的多边形。较大的多边形代表较大的可见区域。可以看出，小多边形情况下，与使用模糊聚类方法相比，遗传模糊聚类法（GFCM）和近似代价函数方法的结果要好 6%，但是，GFCM 的计算时间明显更长。在大多边形的情况下，GFCM 可以提升 5% 的距离，而近似代价函数方法仅比模糊聚类方法提升 2%。

表 11-1　PVMTSP 计算结果对比（Sathyan 等，2016）

	小 多 边 形		大 多 边 形	
	最大距离	计算耗时（秒）	最大距离	计算耗时（秒）
模糊聚类法（FCM）	2919	6.0	2498	8.2
遗传模糊聚类法（GFCM）	2754	80.8	2376	96.3
基于近似代价函数的遗传模糊聚类法	2743	8.02	2456	8.0

由于只使用简单的算法、FIS 和 LK 求解器，因此模糊聚类方法的计算时间非常短，算法具有良好的扩展性。虽然聚类方法可获得高质量结果，但是它也存在弱点。初始猜测的优劣对最终结果的质量有重要影响。此外，聚类的改进过程有时会执行聚类和最近邻点的次优交换。增加检查的点可以减少次优交换，尽管计算时间会有所增加。

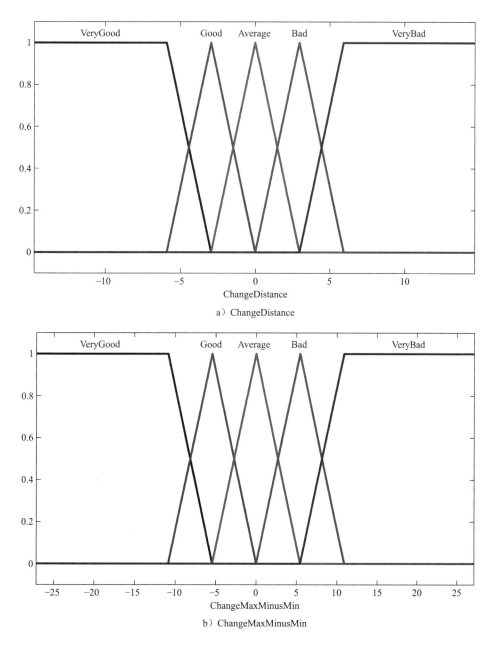

a）ChangeDistance

b）ChangeMaxMinusMin

图 11-8　调整后的 PVMTSP 隶属度函数

图 11-9 显示了使用 GFCM 求得 PVMTSP 的解，包括大小多边形两种情况。在图 11-9b所示的解中，有多条直线穿过多边形，这表明该算法在找到每个多边形上的最佳连接点时是有效的。

最长路径= 2772.1858

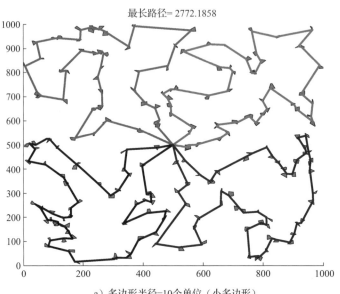

a）多边形半径=10个单位（小多边形）

最长路径 = 2515.7714

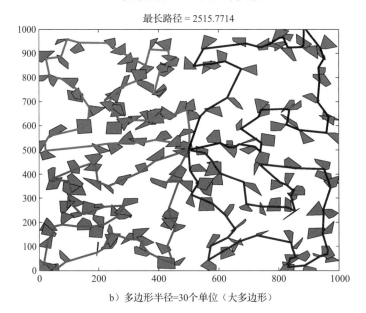

b）多边形半径=30个单位（大多边形）

图 11-9   PVMTSP 的解（Sathyan 等，2016）

图 11-10 显示了在小多边形的情况下，随着目标数量的变化计算时间和最长距离的变化。从图 11-10b 中可以看出，与模糊聚类方法相比，两种遗传模糊方法都可以给出更好的距离。随着目标数量的增加，计算时间稳定增长。与其他两种方法相比，遗传模糊聚类法计算时间要高得多。近似代价函数方法与模糊聚类方法具有相似的计算时间分布，但距离更好。因此，总的来说，近似代价函数方法在小多边形的情况下表现更好。

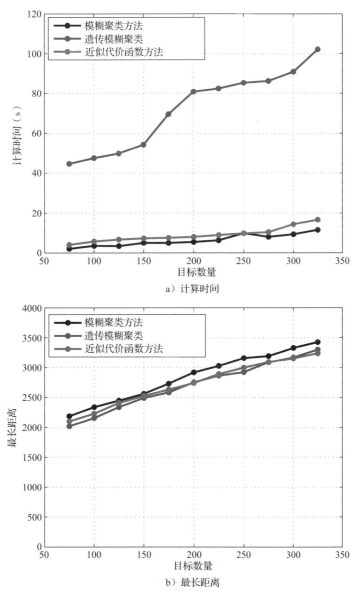

a）计算时间

b）最长距离

图 11-10 小多边形情况下计算时间和最大距离与目标数量的关系（Sathyan 等，2016）

图 11-11 显示了在大多边形的情况下随着目标数量的变化，计算时间和最长距离的变化。从图 11-11b 中可以看出，在大多边形的情况下，这三种算法的性能相似。对于目标数量较少的情况，遗传模糊方法稍好一些。但是，在目标数量较多的情况下，尽管差异并不明显，但模糊聚类方法更好。随着目标数量的增加，计算时间稳定增长。与其他两种方法相比，遗传模糊聚类法计算时间要长得多。对于大多边形而言，近似代价函数方法的计算时间分布也与模糊聚类方法相似。

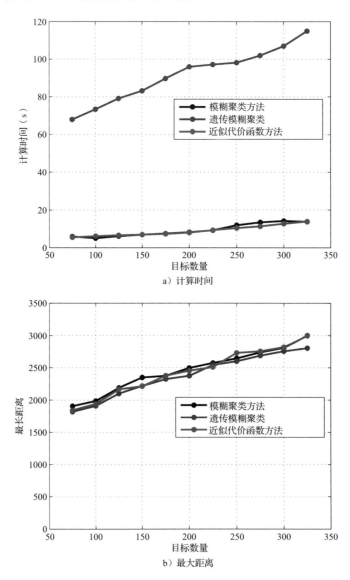

图 11-11　大多边形情况下计算时间和最大距离与目标数量关系（Sathyan 等，2016）

11.5 结论与未来工作

这项研究表明遗传模糊系统适用于任务分配。设计模糊逻辑系统的主要挑战是调整其参数以满足问题的特定要求，这通常需要大量的反复试验才能实现，用 GA 调整这些参数可解决此问题。

与模糊聚类方法相比，遗传模糊聚类法（GFCM）在最佳距离上获得了改进（Ernest 等，2013b）。GFCM 的主要缺点是计算时间较长，这是由于聚类算法在每次迭代过程中都需要估算各无人机的距离。我们使用近似代价函数代替距离来解决计算时间过长的问题，展示了算法在小多边形和大多边形情况下的性能。这个改进将计算时间减少到了原先的 1/10，因此可以与模糊聚类方法相媲美。通过使用比公式[11-20]更好的代价函数，可以进一步改善结果，尤其是针对大多边形的情况。较短的计算时间使该算法可用于需要实时更新的应用。举例来说，如果其中一架无人机被击落，或者向现有任务增加一组新的目标，则具有近似代价函数的 GFCM 可重新安排无人机以覆盖目标区域。尽管 GFCM 在本研究中使用了对称隶属度函数，但它可以很好地扩展到非对称隶属度函数。这将增加使用 GA 调整的参数数量。

这项研究的结果表明，使用遗传模糊技术改进了解决这些类型问题的方法。GFCM 使用近似代价函数获得了较短的执行时间，同时提高了性能。它的计算时间比模糊聚类法（FCM）略长。此外，两个计算时间的差异非常小，对编码进行快速优化获得的好处就可以胜过 FCM。在保持计算效率且计算时间线性增加的同时，具有近似代价函数的 GFCM 能够改善 FCM 本已经极致的性能水平。这标志着模糊系统解决此类型的任务分配和路径问题的能力显著提高。

11.6 参考文献

Albayrak, M. and Allahverdi, N. (2011). Development of a new mutation operator to solve the traveling salesman problem by aid of genetic algorithms. *Expert Systems with Applications*, 38(3), 1313–1320.

Beardwood, J., Halton, J.H., and Hammersley, J.M. (1959). The shortest path through many points. *Mathematical Proceedings of the Cambridge Philosophical Society*, 55, 299–327.

Boone, N., Sathyan, A., and Cohen, K. (2015). Enhanced approaches to solving the multiple traveling salesman problem. *Proceedings of the 2015*

AIAA Infotech@Aerospace Conference, no. 2015-0889. Kissimmee, FL.

Chen, S.-M. and Chien, C.-Y. (2011). Parallelized genetic ant colony systems for solving the traveling salesman problem. *Expert Systems with Applications*, 38(4), 3873–3883.

Christofides, N., Mingozzi, A., and Toth, P. (1981). Exact algorithms for the vehicle routing problem, based on spanning tree and shortest path relaxations. *Mathematical Programming*, 20(1), 255–282.

Cordón, O. and Herrera, O.F. (1995). A general study on genetic fuzzy systems. In *Genetic Algorithms in Engineering and Computer Science*. Periaux, J. and Winte, G. (eds). John Wiley and Sons, New York.

Ernest, N. and Cohen, K. (2012). Fuzzy clustering based genetic algorithm for the multi-depot polygon visiting dubins multiple traveling salesman problem. *Proceedings of the 2012 AIAA Infotech@ Aerospace*, no. 2012-2562, Garden Grove, CA.

Ernest, N., Cohen, K., and Schumacher, C. (2013a), Collaborative tasking of UAV's using a genetic fuzzy approach. *Proceedings of the 51st Aerospace Sciences Meeting*, no. AIAA-2013-1032. Grapevine, TX.

Ernest, N., Cohen, K., and Schumacher, C. (2013b). UAV swarm routing through genetic fuzzy learning methods. *Proceedings of the 2013 AIAA Infotech@Aerospace Conference*, no. 2013-4730. Boston, MA.

Figliozzi, M.A. (2008). Planning approximations to the average length of vehicle routing problems with varying customer demands and routing constraints. *Transportation Research Record: Journal of the Transportation Research Board*, 2089(1), 1–8.

Golden, B.L., Laporte, G., and Taillard, É.D. (1997). An adaptive memory heuristic for a class of vehicle routing problems with minmax objective. *Computers & Operations Research*, 24(5), 445–452.

Hosseini, R., Qanadli, S.D., Barman, S., Mazinani, M., Ellis, T., and Dehmeshki, J. (2012). An automatic approach for learning and tuning gaussian interval type-2 fuzzy membership functions applied to lung cad classification system. *IEEE Transactions on Fuzzy Systems*, 20(2), 224–234.

Kivelevitch, E., Cohen, K., and Kumar, M. (2011). Market-based solution to the allocation of tasks to agents. *Procedia Computer Science*, 6, 28–33.

Kivelevitch, E., Cohen, K., and Kumar, M. (2012). On the scalability of the market-based solution to the multiple traveling salesmen problem. *Proceedings of the 2012 AIAA Infotech@ Aerospace Conference*, no. 2012–2543. Garden Grove, CA.

Lee, M.A. (1995). On genetic representation of high dimensional fuzzy systems. *Proceedings of ISUMA-NAFIPS'95*. College Park, MD.

Lin, S. and Kernighan, B.W. (1973). An effective heuristic algorithm for the traveling-salesman problem. *Operations Research*, 21(2), 498–516.

Mitchell, S.M., Ernest, N.D., and Cohen, K. (2013). Comparison of fuzzy optimization and genetic fuzzy methods in solving a modified traveling salesman problem. *Proceedings of the 2013 AIAA Infotech@ Aerospace Conference*, no. 2013–4664. Boston, MA.

Nagata, Y. (1997). Edge assembly crossover: A high-power genetic algorithm for the traveling salesman problem. *7th International Conference on Genetic Algorithms*, San Francisco, CA.

Nagata, Y. and Soler, D. (2012). A new genetic algorithm for the asymmetric traveling salesman problem. *Expert Systems with Applications*, 39(10), 8947–8953.

Obermeycr, K.J. (2010). Visibility problems for sensor networks and unmanned air vehicles. PhD Thesis. University of California Santa Barbara, USA.

Sabo, C., Kingston, D., and Cohen, K. (2014). A formulation and heuristic approach to task allocation and routing of uavs under limited communication. *Unmanned Systems*, 2(01), 1–17.

Sathyan, A., Boone, N., and Cohen, K. (2015a), Comparison of approximate approaches to solving the travelling salesman problem and its application to UAV swarming. *International Journal of Unmanned Systems Engineering (IJUSEng)*, 3(1), 1–16.

Sathyan, A., Ernest, N., and Cohen, K. (2015b). Genetic fuzzy approach for control and task planning applications. *AIAA Infotech @ Aerospace Conference*, no. 2015-0887. Kissimmee, FL.

Sathyan, A., Ernest, N.D., and Cohen, K. (2016). An efficient genetic fuzzy approach to uav swarm routing. *Unmanned Systems*, 4(02), 117–127.

Surmann, H., Kanstein, A., and Goser, K. (1993). Self-organizing and genetic algorithms for an automatic design of fuzzy control and decision systems. *1st European Conference on Fuzzy and Intelligent Technologies*, Aachen, Germany.

Vick, A.W. (2010). Genetic fuzzy controller for a gas turbine fuel system. PhD Thesis, University of Cincinnati, USA.

Walker, A., Cohen, K., and Putman, P. (2013). Fuzzy logic attitude control of a magnetically actuated cubesat. *Proceedings of the AIAA Infotech@Aerospace Conference*, no. 2013-5059. Boston, MA.

技术术语表

英 文 全 称	英 文 缩 略 语	中 文 说 明
3D printing		3D 打印
aerial		航空
agriculture		农业
airman certification representative	ACR	飞行员认证代表
Airport Cooperative Research Program	ACRP	机场合作研究项目
aircraft conflict resolution problem	ACRP	飞机冲突解脱问题
artificial intelligence	AI	人工智能
additive manufacturing	AM	增材制造
Air Navigation Commission	ANC	空中航行委员会
Aircraft Owner's and Pilot's Association	AOPA	航空器拥有者及驾驶员协会
air traffic control	ATC	空中交通管制
air traffic management	ATM	空中交通管理
beyond visual line-of-sight operation	BVLOS	视距外运行
command and control	C2	指挥控制
certified flight instructor	CFI	认证飞行教员
communication, navigation and surveillance	CNS	通信、导航和监视
capability analysis		性能分析
civil applications		民事应用
classifications		分类
clustering		聚类
collision avoidance		避碰
combinatorial optimization		组合优化
conflict		冲突
constraint programming	CP	约束规划
customer requirements		用户需求

（续）

英 文 全 称	英文缩略语	中 文 说 明
design		设计
detect and avoid system	DAA	检测与避碰系统
designated pilot examiner	DPE	指定驾驶员考官
European Aviation Safety Agency	EASA	欧洲航空安全局
evolutionary algorithm	EA	进化算法
electronic speed controllers	ESC	电子调速器
Federal Aviation Administration	FAA	美国联邦航空管理局
Federal Aviation Regulations	FAR	联邦航空条例
fault detection		故障检测
fault detection and isolation	FDI	故障检测与隔离
fault-tolerant control	FTC	容错控制
fire detection		火灾检测
fixed wing	FW	固定翼
flatness		平面度
flatness-based approach		基于平面度的方法
fluid analogy		流体模拟
functional		功能
fuzzy clustering method	FCM	模糊聚类方法
fused deposition modeling	FDM	熔融沉积模型
fuzzy inference system	FIS	模糊推理系统
Forward-Looking Infrared Radar	FLIR	前视红外雷达
fuzzy logic system	FLS	模糊逻辑系统
flight mission system	FMS	飞行任务系统
field of view	FOV	视场
Flight Standards District Office	FSDO	飞行标准司办公室
FAA tracking number	FTN	FAA 追踪号
genetic algorithm	GA	遗传算法
ground control station	GCS	地面控制站
genetic fuzzy		遗传模糊
genetic fuzzy system	GFS	遗传模糊系统
genetic fuzzy clustering method	GFCM	遗传模糊聚类方法

（续）

英 文 全 称	英文缩略语	中 文 说 明
global positioning system	GPS	全球定位系统
GPS-denied environment		GPS 拒止环境
Harpoon		无人机鱼叉系统
heavy-lift		重型
high altitude long endurance	HALE	高空长航时
high-endurance aerial vehicle	HEAV	高耐用性飞行器
International Civil Aviation Organization	ICAO	国际民用航空组织
Instrument Flight Rules	IFR	仪表飞行规则
image processing		图像处理
inertial measurement units	IMU	惯性测量单元
Instrument Flight Rules	IFR	仪表飞行规则
integration of drones in airspace		无人机融入空域
Integrated Airman Certificate and Rating Application	IACRA	综合航空人员证照和签注申请
Joint Authorities for Rulemaking on Unmanned Systems	JARUS	无人系统规则制定联合体
landing gear		起落架
localization		定位
largest of maximum	LOM	最大隶属度取最大值法
linear quadratic regulator	LQR	线性二次调节器
mapping		测绘
medium-altitude long endurance	MALE	中空长航时
military applications		军事应用
min-max optimization		最小-最大优化
market-based solution	MBS	基于市场的解
mixed-integer linear programming	MILP	混合整数线性规划
model		模型
multi input multi output	MIMO	多输入多输出
multi input multi output identification	MIMO ID	多输入多输出辨识
multi-phase flow		多相流
multiple traveling salesman problem	MTSP	多旅行商问题
multi-rotor	MR	多旋翼
multi-UAVs		多无人机

（续）

英 文 全 称	英文缩略语	中 文 说 明
NASA		美国国家宇航局
North-East-Down(frame)	NED	北东地(坐标)
National Transportation Safety Board	NTSB	美国国家运输安全委员会
navigation		导航
non-segregated airspaces		非隔离空域
Notice of Proposed Amendment	NPA	拟议修正案通知
obstacle avoidance		避障
octocopter		八旋翼无人机
operational capability		运行性能
operator		操作人员
partial differential equation	PDE	偏微分方程
path planning(trajectory planning)		路径规划(轨迹规划)
pilot induced oscillations	PIO	驾驶员诱发振荡
pilot-in-command	PIC	机长
power system		动力系统
prediction set	PS	预测集
proportional derivative	PD	比例微分
quadcopter		四旋翼无人机
quadrotor		四旋翼
reconfiguration		重构
remote pilot		远程驾驶员
remotely piloted		远程驾驶
remotely piloted aircraft	RPA	远程驾驶航空器(无人机)
remote pilot station	RPS	遥控站
remotely piloted aircraft system	RPAS	远程驾驶航空器系统(无人机系统)
Remotely Piloted Aircraft Systems Panel	RPASP	遥控航空器系统专家组
requirements		需求
robot operating system	ROS	机器人操作系统
Radio Technical Commission for Aviation	RTCA	航空无线电技术委员会
rotary wing	RW	旋转翼
self-separation		自分离

（续）

英 文 全 称	英文缩略语	中 文 说 明
separation assurance		隔离保障
separation provision		空域区划
simultaneous localization and mapping	SLAM	同步定位与地图构建
single input single output identification	SISO ID	单输入单输出辨识
Small Unmanned Aircraft Systems Advisory Group	SUAS-AG	小型无人机系统咨询小组
Specific Operation Risk Assessment	SORA	特定运行风险评估
Stability and Control Augmentation System	SCAS	增控增稳控制系统
Stakeholder Consultation Body	SCB	业界咨询机构
state aircraft		国家航空器
Strategic Conflict Mitigation		战略缓解措施
strategic deconfliction		战略冲突解脱
system identification		系统识别
system requirements		系统需求
target identification		目标识别
task allocation		任务分配
Theil's Inequality Coefficient	TIC	泰尔不等式系统
trajectory planning(path planning)		轨迹规划（路径规划）
traveling salesman problem	TSP	旅行商问题
polygon visiting multiple traveling salesman problem	PVMTSP	目标区域为多边形的多旅行商问题
UAS traffic management	UTM	无人机交通管理
uncertainty		不确定性
underactuated systems		欠驱动系统
Unmanned Aircraft Systems Study Group	UASSG	无人机系统研究组
The University of Cincinnati's Design Research Institute	UCRI	辛辛那提大学设计研究院
vehicle routing problem	VRP	车辆路径问题
vertical take-off and landing	VTOL	垂直起降
VFR height		目视飞行高度
very low level	VLL	超低空
visual line-of-sight operation	VLOS	视距内运行
waypoint		航路点，航点

推荐阅读

机器人系统设计与制作：Python语言实现

作者：郎坦·约瑟夫 ISBN：978-7-111-55960-3 定价：59.00元

机器人制作实践指南

作者：约翰·白赫泰 ISBN：978-7-111-56277-1 定价：69.00元

实用机器人设计——竞赛机器人

作者：贾甘纳坦·坎尼亚 等 ISBN：978-7-111-53601-7 定价：79.00元

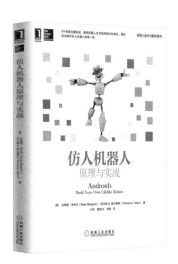

仿人机器人原理与实战

作者：布莱恩·伯杰伦 等 ISBN：978-7-111-50339-2 定价：69.00元

推 荐 阅 读

 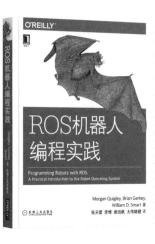 

ROS机器人高效编程（原书第3版）

作者：Anil Mahtani,Luis sanchez,Enrique Fern á ndez,Aaron Mart í nez
ISBN：978-7-111-57846-8 定价：69.00元

本书首先介绍ROS的安装和基本概念，然后讲述ROS支持的更复杂的模块，如传感器和执行器集成模块（驱动程序）、导航和地图构建模块（创建自主移动机器人）、操作模块、计算机视觉模块、3D感知模块等。在本书的最后，你将能够使用ROS Kinetic的全部功能来设计和开发一个满足你所有需求的功能齐全的机器人。

ROS机器人编程实践

作者：Morgan Quigley, Brian Gerkey, William D. Smart
ISBN：978-7-111-58529-9 定价：89.00元

开源机器人基金会的联合创始人撰写，通过将ROS社区的宝贵开发经验和现实案例相结合，为你在机器人开发过程中遇到的问题提供切实可行的指南。书中的每部分都提供了使用ROS工具实现各类机器人系统的完整解决方案，不仅包括实现各种单一机器人任务，也包括将不同模块结合完成组合任务。

机器人编程实战

作者：Cameron Hughes, Tracey Hughes
ISBN：978-7-111-57156-8 定价：79.00元

本书以生日机器人举行生日聚会和Midamba制作自主机器人荒岛求生两个故事场景贯穿，通过大量图表、代码示例和通俗易懂的语言全面、系统阐述机器人编程的相关概念和知识，并详细讲解一系列用于机器人程序设计、规划和分析的范式和工具，是零基础学机器人编程的绝佳入门指南。